できたよ★シート

べんきょうが おわった ページの ばんごうに
「できたよシール」を はろう!

1 2 3 4

9 8 7 6 5

10 11 12 13 14

19 18 17 16 15

20 21 22 23 24 25

算数パズル

29 28 27 26

30 31 32

まとめテスト 算数パズル

35 34 33

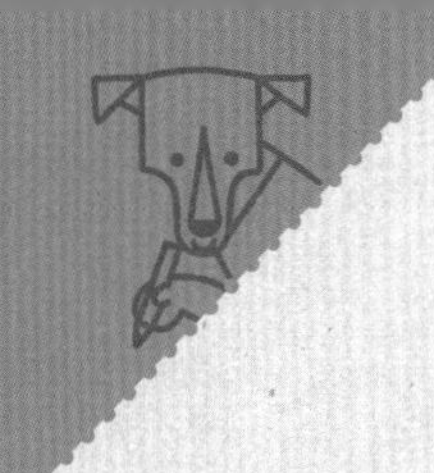

学研 毎日のドリルの **特長**

やりきれるから自信がつく！

1日1枚の勉強で，学習習慣が定着！

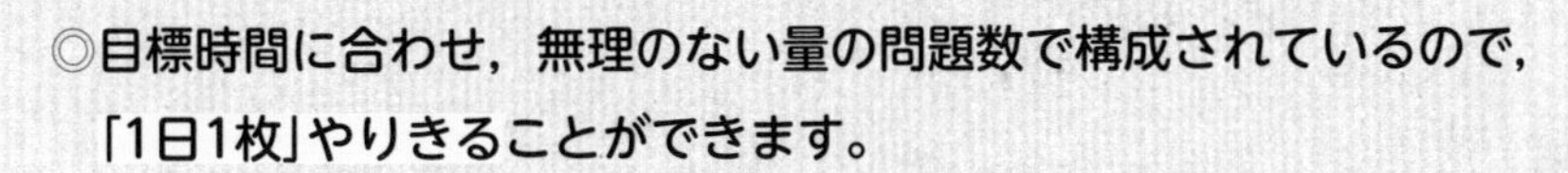

◎目標時間に合わせ，無理のない量の問題数で構成されているので，「1日1枚」やりきることができます。

◎解説が丁寧なので，まだ学校で習っていない内容でも勉強を進めることができます。

すべての学習の土台となる「基礎力」が身につく！

◎スモールステップで構成され，1冊の中でも繰り返し練習していくので，確実に「基礎力」を身につけることができます。「基礎」が身につくことで，発展的な内容に進むことができるのです。

◎教科書に沿っているので，授業の進度に合わせて使うこともできます。

勉強管理アプリの活用で，楽しく勉強できる！

◎設定した勉強時間にアラームが鳴るので，学習習慣がしっかりと身につきます。

◎時間や点数などを登録していくと，成績がグラフ化されたり，賞状をもらえたりするので，達成感を得られます。

◎勉強をがんばると，キャラクターとコミュニケーションを取ることができるので，日々のモチベーションが上がります。

学研 毎日のドリルの使い方

1 1日1枚，集中して解きましょう。

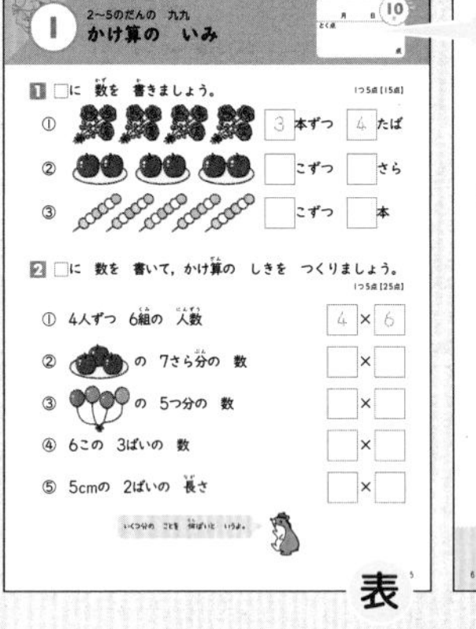

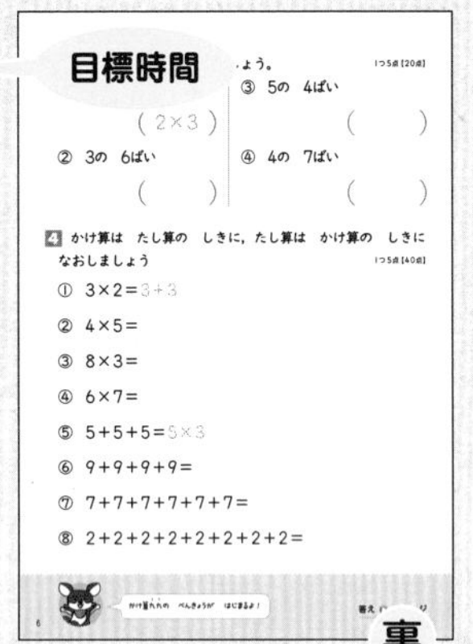

◎1回分は，1枚（表と裏）です。

1枚ずつはがして使うこともできます。

◎目標時間を意識して解きましょう。

アプリのストップウォッチなどで，かかった時間を計るとよいでしょう。

・巻末の「まとめテスト」で，この本の内容が身についたかを確認できます。

2 おうちの方に，答え合わせをしてもらいましょう。

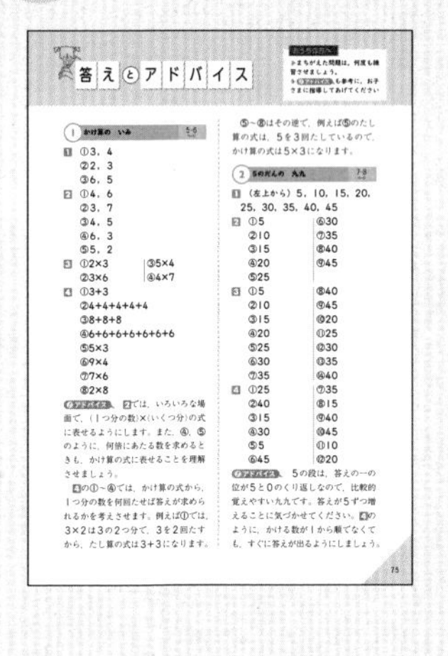

・本の最後に，「答えとアドバイス」があります。

・答え合わせをして，点数をつけてもらいましょう。

3 「できたよシート」に，「できたよシール」をはりましょう。

・勉強した回の番号に，好きなシールをはりましょう。

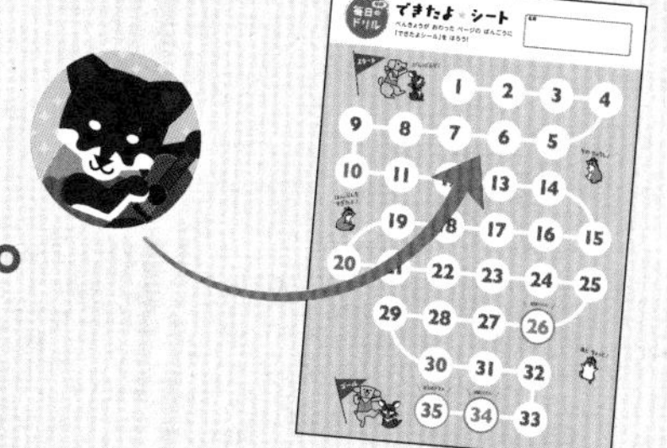

4 アプリに得点を登録しましょう。

・アプリに得点を登録すると，成績がグラフ化されます。

・勉強すると，キャラクターが育ちます。

毎日のドリル 勉強管理アプリ

無料ダウンロード

アプリといっしょだと，ドリルが楽しく進む!?

毎日のドリル 勉強管理アプリ

「毎日のドリル」シリーズ専用，スマートフォン・タブレットで使える無料アプリです。
1つのアプリでシリーズすべてを管理でき，学習習慣が楽しく身につきます。

1 「毎日のドリル」の学習を徹底サポート！

毎日の勉強タイムをお知らせする「タイマー」

かかった時間を計る「ストップウォッチ」

勉強した日を記録する「カレンダー」

入力した得点を「グラフ化」

2 キャラクターと楽しく学べる！

好きなキャラクターを選ぶことができます。勉強をがんばるとキャラクターが育ち，「ひみつ」や「ワザ」が増えます。

3 1冊終わると，ごほうびがもらえる！

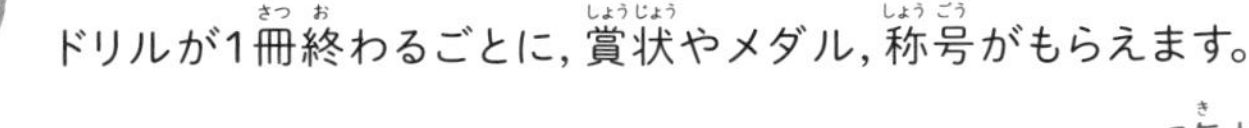

ドリルが1冊終わるごとに，賞状やメダル，称号がもらえます。

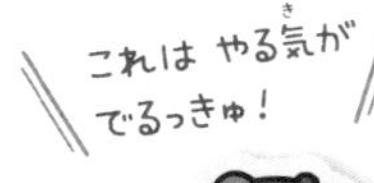

4 漢字と英単語のゲームにチャレンジ！

ゲームで，どこでも手軽に，楽しく勉強できます。漢字は学年別，英単語はレベル別に構成されており，ドリルで勉強した内容の確認にもなります。

アプリの無料ダウンロードはこちらから！

https://gakken-ep.jp/extra/maidori/

【推奨環境】
■ 各種Android端末：対応OS Android6.0以上　※対応OSであっても，Intel CPU（x86 Atom）搭載の端末では正しく動作しない場合があります。
■ 各種iOS（iPadOS）端末：対応OS iOS10以上　※対応OS や対応機種については，各ストアでご確認ください。
※お客様のネット環境および携帯端末によりアプリをご利用できない場合，当社は責任を負いかねます。
また，事前の予告なく，サービスの提供を中止する場合があります。ご理解，ご了承いただきますよう，お願いいたします。

1 2〜5のだんの　九九
かけ算の　いみ

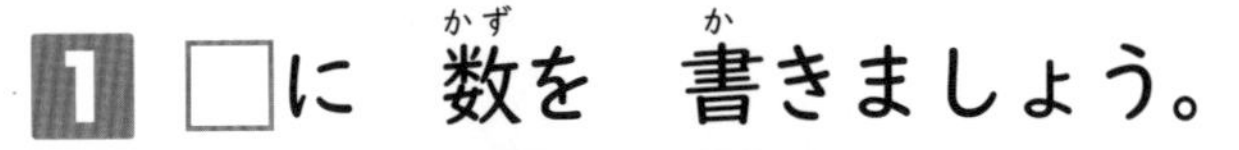

1 □に　数を　書きましょう。　1つ5点【15点】

①  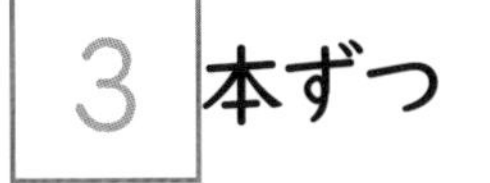 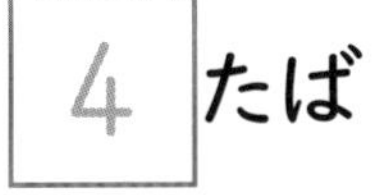

3 本ずつ　4 たば

②  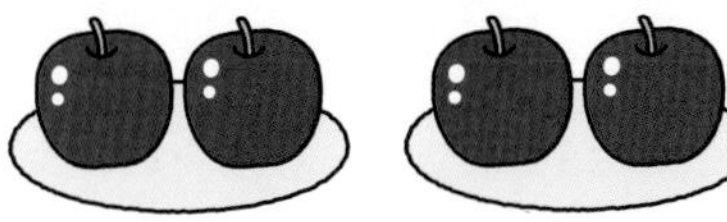  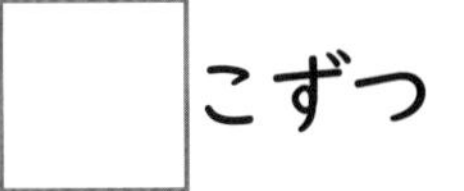 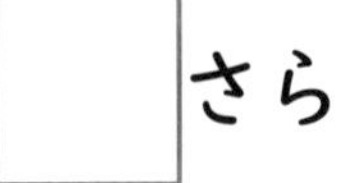

□こずつ　□さら

③ 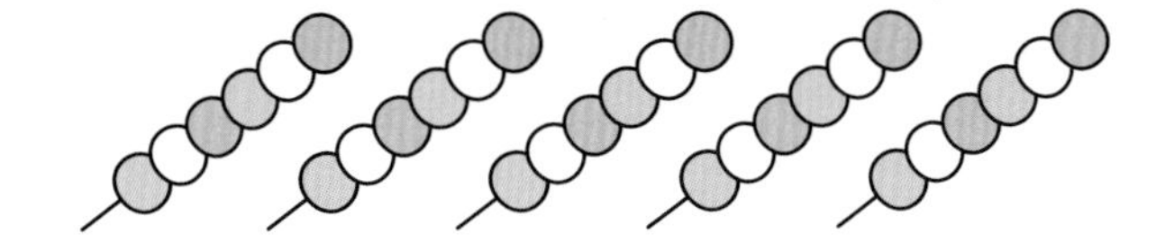  

□こずつ　□本

2 □に　数を　書いて，かけ算の　しきを　つくりましょう。　1つ5点【25点】

① 4人ずつ　6組の　人数　　4 × 6

② の　7さら分の　数　　□ × □

③ の　5つ分の　数　　□ × □

④ 6この　3ばいの　数　　□ × □

⑤ 5cmの　2ばいの　長さ　　□ × □

いくつ分の　ことを　何ばいと　いうよ。

3 かけ算の　しきを　書きましょう。

1つ5点【20点】

① 2の　3ばい

（ 2×3 ）

② 3の　6ばい

（　　　）

③ 5の　4ばい

④ 4の　7ばい

（　　　）

4 かけ算は　たし算の　しきに，たし算は　かけ算の　しきに　なおしましょう

1つ5点【40点】

① 3×2＝3＋3

② 4×5＝

③ 8×3＝

④ 6×7＝

⑤ 5＋5＋5＝5×3

⑥ 9＋9＋9＋9＝

⑦ 7＋7＋7＋7＋7＋7＝

⑧ 2＋2＋2＋2＋2＋2＋2＋2＝

かけ算九九の　べんきょうが　はじまるよ！

答え ▶ 75ページ

2 5のだんの　九九

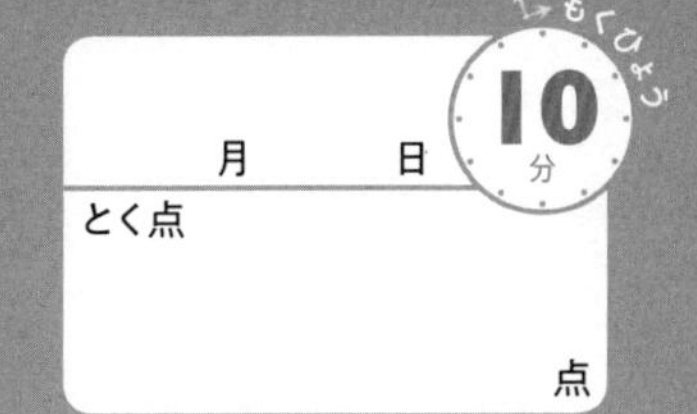

1 くりの　数(かず)を　□に　書(か)きましょう。　1つ2点【18点】

(五一が(ごいちが))
……5×1＝5

(五二(ごに))
……5×2＝□

(五三(ごさん))
……5×3＝□

(五四(ごし))
……5×4＝□

(五五(ごご))
……5×5＝□

(五六(ごろく))
……5×6＝□

(五七(ごしち))
5×7＝□

(五八(ごは))
……5×8＝□

(五九(ごっく))
……5×9＝□

2 九九(くく)を　言(い)いながら　□に　数を　書きましょう。　1つ2点【18点】

① (五一が) 5×1＝□

② (五二) 5×2＝□

③ (五三) 5×3＝□

④ (五四) 5×4＝□

⑤ (五五) 5×5＝□

⑥ (五六) 5×6＝□

⑦ (五七) 5×7＝□

⑧ (五八) 5×8＝□

⑨ (五九) 5×9＝□

5のだんの　九九は，答(こた)えが
5ずつ　ふえて　いるね。

3 計算を　しましょう。

1つ2点【28点】

① 5×1

② 5×2

③ 5×3

④ 5×4

⑤ 5×5

⑥ 5×6

⑦ 5×7

⑧ 5×8

⑨ 5×9

⑩ 5×4

⑪ 5×5

⑫ 5×6

⑬ 5×7

⑭ 5×8

4 計算を　しましょう。

1つ3点【36点】

① 5×5

② 5×8

③ 5×3

④ 5×6

⑤ 5×1

⑥ 5×9

⑦ 5×7

⑧ 5×3

⑨ 5×8

⑩ 5×9

⑪ 5×2

⑫ 5×4

5のだんの　九九，おぼえたかな？

答え ▶ 75ページ

3 5のだんの　九九の れんしゅう

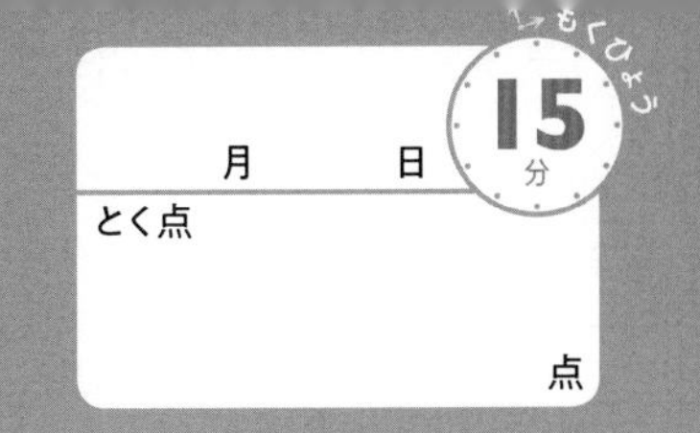

1 九九(くく)を　言(い)いながら　□に　数(かず)を　書(か)きましょう。 1つ2点【18点】

① (五六) 5×6＝□

② (五七) 5×7＝□

③ (五八) 5×8＝□

④ (五九) 5×9＝□

⑤ (五一が) 5×1＝□

⑥ (五二) 5×2＝□

⑦ (五三) 5×3＝□

⑧ (五四) 5×4＝□

⑨ (五五) 5×5＝□

2 □に　数を　書きましょう。 1つ2点【18点】

① 5×9＝□

② 5×8＝□

③ 5×7＝□

④ 5×6＝□

⑤ 5×5＝□

⑥ 5×4＝□

⑦ 5×3＝□

⑧ 5×2＝□

⑨ 5×1＝□

5のだんの　九九の　答(こた)えは，
一のくらいが　0か　5だよ。

3 計算を　しましょう。

1つ2点【48点】

① 5×6
② 5×9
③ 5×2
④ 5×7
⑤ 5×4
⑥ 5×8
⑦ 5×1
⑧ 5×5

⑨ 5×3
⑩ 5×8
⑪ 5×7
⑫ 5×1
⑬ 5×2
⑭ 5×6
⑮ 5×9
⑯ 5×4

⑰ 5×1
⑱ 5×3
⑲ 5×4
⑳ 5×9
㉑ 5×2
㉒ 5×5
㉓ 5×8
㉔ 5×7

4 □に　数を　書きましょう。

1つ2点【16点】

① 5×□＝20
② 5×□＝35
③ 5×□＝15
④ 5×□＝45

⑤ 5×□＝25
⑥ 5×□＝10
⑦ 5×□＝30
⑧ 5×□＝40

アプリに，とく点を　とうろくしよう！

答え ▶ 76ページ

4 2～5のだんの　九九
2のだんの　九九

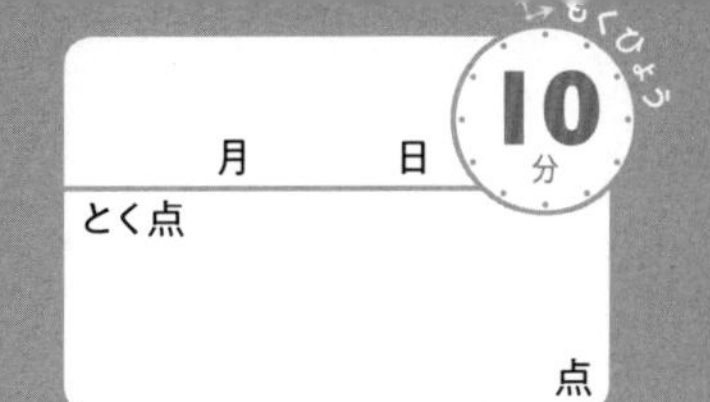

1 りんごの　数(かず)を　□に　書(か)きましょう。　1つ2点【18点】

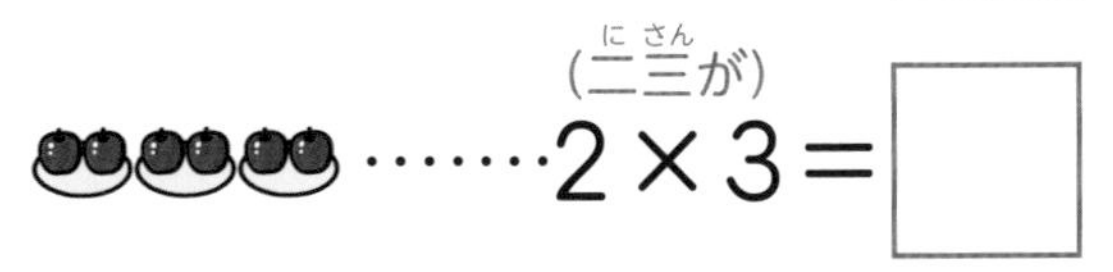

(二一が) ……2×1＝ 2

(二二が) ……2×2＝□

(二三が) ……2×3＝□

(二四が) ……2×4＝□

(二五) 2×5＝□

(二六) …2×6＝□

(二七) 2×7＝□

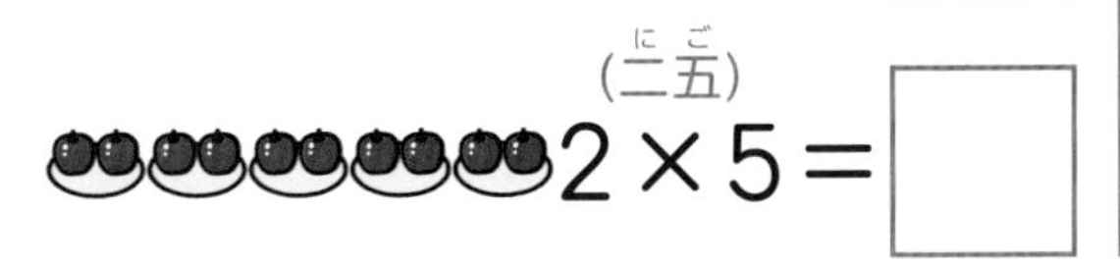

(二八) ……2×8＝□

(二九) ……2×9＝□

2 九九(くく)を　言(い)いながら　□に　数を　書きましょう。　1つ2点【18点】

① (二一が) 2×1＝□

② (二二が) 2×2＝□

③ (二三が) 2×3＝□

④ (二四が) 2×4＝□

⑤ (二五) 2×5＝□

⑥ (二六) 2×6＝□

⑦ (二七) 2×7＝□

⑧ (二八) 2×8＝□

⑨ (二九) 2×9＝□

2のだんの　九九は，答(こた)えが
2，4，6，…と　2つとびだね。

3 計算を　しましょう。

1つ2点【28点】

① 2×1

② 2×2

③ 2×3

④ 2×4

⑤ 2×5

⑥ 2×6

⑦ 2×7

⑧ 2×8

⑨ 2×9

⑩ 2×5

⑪ 2×6

⑫ 2×7

⑬ 2×8

⑭ 2×9

4 計算を　しましょう。

1つ3点【36点】

① 2×3

② 2×6

③ 2×1

④ 2×8

⑤ 2×2

⑥ 2×7

⑦ 2×9

⑧ 2×8

⑨ 2×3

⑩ 2×5

⑪ 2×7

⑫ 2×4

今日も　ぜっこうちょう！

答え ▶ 76ページ

2～5のだんの　九九

5 2のだんの　九九の れんしゅう

1 九九(くく)を　言(い)いながら　□に　数(かず)を　書(か)きましょう。　1つ2点【18点】

① (二五) 2×5＝□

② (二六) 2×6＝□

③ (二七) 2×7＝□

④ (二八) 2×8＝□

⑤ (二九) 2×9＝□

⑥ (二一が) 2×1＝□

⑦ (二二が) 2×2＝□

⑧ (二三が) 2×3＝□

⑨ (二四が) 2×4＝□

2 □に　数を　書きましょう。　1つ2点【18点】

① 2×9＝□

② 2×8＝□

③ 2×7＝□

④ 2×6＝□

⑤ 2×5＝□

⑥ 2×4＝□

⑦ 2×3＝□

⑧ 2×2＝□

⑨ 2×1＝□

2×9，2×8，…と，九九を　ぎゃくに
言う　れんしゅうも　すると　いいよ。

3 計算(けいさん)を　しましょう。

1つ2点【48点】

① 2×7　⑨ 2×6　⑰ 2×1

② 2×4　⑩ 2×5　⑱ 2×3

③ 2×8　⑪ 2×2　⑲ 2×8

④ 2×2　⑫ 2×7　⑳ 2×4

⑤ 2×5　⑬ 2×3　㉑ 2×2

⑥ 2×9　⑭ 2×9　㉒ 2×6

⑦ 2×1　⑮ 2×8　㉓ 2×7

⑧ 2×3　⑯ 2×4　㉔ 2×5

4 □に　数(かず)を　書(か)きましょう。

1つ2点【16点】

① 2×□＝10　⑤ 2×□＝18

② 2×□＝6　⑥ 2×□＝16

③ 2×□＝4　⑦ 2×□＝8

④ 2×□＝14　⑧ 2×□＝12

スラスラ　できると，かっこいい！

答え ▶ 76ページ

6

2～5のだんの　九九

3のだんの　九九

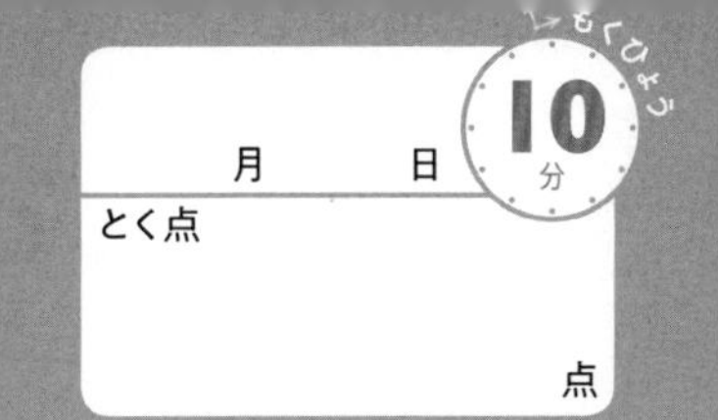

1 みかんの　数(かず)を　□に　書(か)きましょう。　1つ2点【18点】

(三一(さんいち)が)……3×1＝3

(三二(さんに)が)……3×2＝□

(三三(さざん)が)……3×3＝□

(三四(さんし))……3×4＝□

(三五(さんご))……3×5＝□

(三六(さぶろく))……3×6＝□

(三七(さんしち))……3×7＝□

(三八(さんぱ))……3×8＝□

(三九(さんく))3×9＝□

2 九九(くく)を　言(い)いながら　□に　数を　書きましょう。　1つ2点【18点】

① (三一が) 3×1＝□

② (三二が) 3×2＝□

③ (三三が) 3×3＝□

④ (三四) 3×4＝□

⑤ (三五) 3×5＝□

⑥ (三六) 3×6＝□

⑦ (三七) 3×7＝□

⑧ (三八) 3×8＝□

⑨ (三九) 3×9＝□

3のだんの　九九は，答(こた)えが
3ずつ　ふえて　いるよ。

3 計算を　しましょう。

1つ2点【28点】

① 3×1

② 3×2

③ 3×3

④ 3×4

⑤ 3×5

⑥ 3×6

⑦ 3×7

⑧ 3×8

⑨ 3×9

⑩ 3×4

⑪ 3×5

⑫ 3×6

⑬ 3×7

⑭ 3×8

4 計算を　しましょう。

1つ3点【36点】

① 3×4

② 3×6

③ 3×9

④ 3×5

⑤ 3×2

⑥ 3×8

⑦ 3×1

⑧ 3×4

⑨ 3×9

⑩ 3×7

⑪ 3×3

⑫ 3×6

にがてな　九九は　くりかえして　れんしゅうしよう！

答え ▶ 77ページ

2～5のだんの　九九

7 3のだんの　九九の れんしゅう

1 九九を　言いながら　□に　数を　書きましょう。 1つ2点【18点】

① (三七) $3 \times 7 =$ □

② (三八) $3 \times 8 =$ □

③ (三九) $3 \times 9 =$ □

④ (三一が) $3 \times 1 =$ □

⑤ (三二が) $3 \times 2 =$ □

⑥ (三三が) $3 \times 3 =$ □

⑦ (三四) $3 \times 4 =$ □

⑧ (三五) $3 \times 5 =$ □

⑨ (三六) $3 \times 6 =$ □

2 □に　数を　書きましょう。 1つ2点【18点】

① $3 \times 9 =$ □

② $3 \times 8 =$ □

③ $3 \times 7 =$ □

④ $3 \times 6 =$ □

⑤ $3 \times 5 =$ □

⑥ $3 \times 4 =$ □

⑦ $3 \times 3 =$ □

⑧ $3 \times 2 =$ □

⑨ $3 \times 1 =$ □

2も，九九を　声に　出して　言いながら，答えを　書いて　いこう。

3 計算を　しましょう。

1つ2点【48点】

① 3×6	⑨ 3×9	⑰ 3×1
② 3×1	⑩ 3×7	⑱ 3×6
③ 3×8	⑪ 3×5	⑲ 3×3
④ 3×7	⑫ 3×8	⑳ 3×4
⑤ 3×3	⑬ 3×6	㉑ 3×2
⑥ 3×5	⑭ 3×9	㉒ 3×7
⑦ 3×2	⑮ 3×4	㉓ 3×5
⑧ 3×4	⑯ 3×3	㉔ 3×9

4 □に　数を　書きましょう。

1つ2点【16点】

① 3×□=15	⑤ 3×□=27
② 3×□=9	⑥ 3×□=24
③ 3×□=18	⑦ 3×□=12
④ 3×□=6	⑧ 3×□=21

今日も　元気に　できたね！

答え ▶ 77ページ

8 2～5のだんの　九九
4のだんの　九九

1 クッキーの　数を　□に　書きましょう。

1つ2点【18点】

(四一が)……4×1＝4

(四二が)……4×2＝□

(四三)……4×3＝□

(四四)……4×4＝□

(四五)……4×5＝□

(四六)……4×6＝□

(四七)……4×7＝□

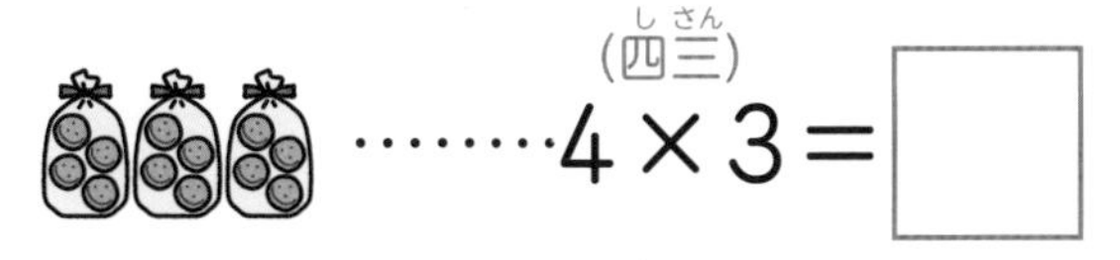

(四八)……4×8＝□

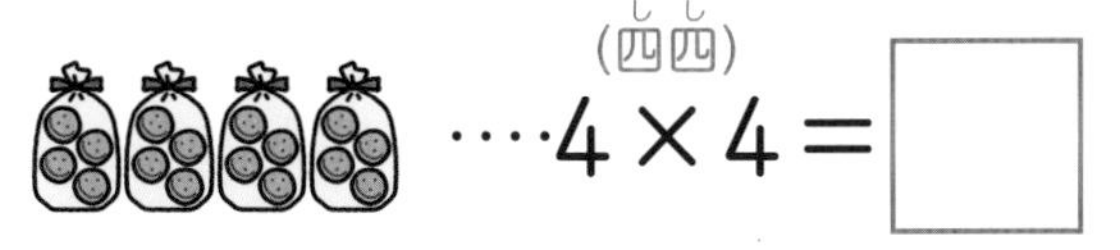

(四九)……4×9＝□

2 九九を　言いながら　□に　数を　書きましょう。

1つ2点【18点】

① (四一が) 4×1＝□

② (四二が) 4×2＝□

③ (四三) 4×3＝□

④ (四四) 4×4＝□

⑤ (四五) 4×5＝□

⑥ (四六) 4×6＝□

⑦ (四七) 4×7＝□

⑧ (四八) 4×8＝□

⑨ (四九) 4×9＝□

4のだんの　九九は，答えが
4ずつ　ふえて　いるよ。

3 計算を　しましょう。

1つ2点【28点】

① 4×1

② 4×2

③ 4×3

④ 4×4

⑤ 4×5

⑥ 4×6

⑦ 4×7

⑧ 4×8

⑨ 4×9

⑩ 4×2

⑪ 4×3

⑫ 4×4

⑬ 4×5

⑭ 4×6

4 計算を　しましょう。

1つ3点【36点】

① 4×4

② 4×7

③ 4×1

④ 4×5

⑤ 4×9

⑥ 4×6

⑦ 4×8

⑧ 4×2

⑨ 4×6

⑩ 4×3

⑪ 4×7

⑫ 4×4

4のだんまで　きたね。この　ちょうしで　ガンバレ！

答え ▶ 77ページ

2〜5のだんの　九九

9 4のだんの　九九の れんしゅう

1 九九(くく)を　言(い)いながら　□に　数(かず)を　書(か)きましょう。 1つ2点【18点】

① (四四) $4\times4=$ □

② (四五) $4\times5=$ □

③ (四六) $4\times6=$ □

④ (四七) $4\times7=$ □

⑤ (四八) $4\times8=$ □

⑥ (四九) $4\times9=$ □

⑦ (四一が) $4\times1=$ □

⑧ (四二が) $4\times2=$ □

⑨ (四三) $4\times3=$ □

2 □に　数を　書きましょう。 1つ2点【18点】

① $4\times9=$ □

② $4\times8=$ □

③ $4\times7=$ □

④ $4\times6=$ □

⑤ $4\times5=$ □

⑥ $4\times4=$ □

⑦ $4\times3=$ □

⑧ $4\times2=$ □

⑨ $4\times1=$ □

四（し）と　七（しち）の
言いまちがいに　気を　つけようね。

3 計算を　しましょう。

1つ2点【48点】

① 4×6
② 4×1
③ 4×3
④ 4×5
⑤ 4×2
⑥ 4×4
⑦ 4×9
⑧ 4×8
⑨ 4×7
⑩ 4×3
⑪ 4×9
⑫ 4×5
⑬ 4×7
⑭ 4×4
⑮ 4×8
⑯ 4×6
⑰ 4×2
⑱ 4×5
⑲ 4×8
⑳ 4×1
㉑ 4×6
㉒ 4×9
㉓ 4×3
㉔ 4×4

4 □に　数を　書きましょう。

1つ2点【16点】

① 4×□＝12
② 4×□＝8
③ 4×□＝24
④ 4×□＝16
⑤ 4×□＝36
⑥ 4×□＝28
⑦ 4×□＝20
⑧ 4×□＝32

つかれた　ときは，体を　うごかして　みよう！

答え ▶ 78ページ

2～5のだんの　九九

10 2，3，4，5のだんの 九九の　れんしゅう①

→もくひょう 10分

月　　日

とく点

点

1 かけ算(ざん)の　しきに　あう　絵(え)を　右から　えらんで，線(せん)で　つなぎましょう。

1つ2点【8点】

3×2 •

4×5 •

2×3 •

5×4 •

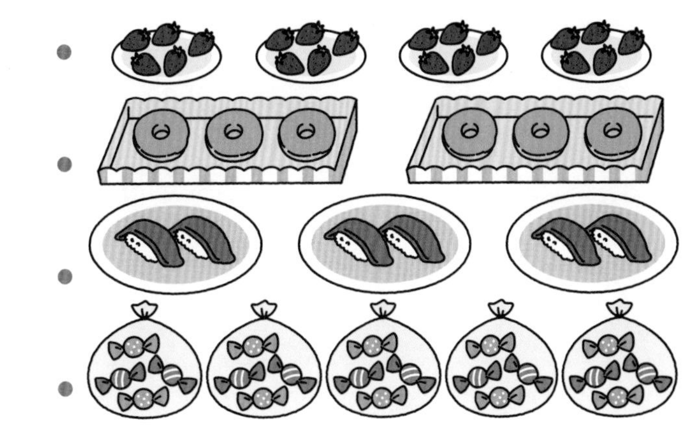

2 □に　数(かず)を　書(か)きましょう。

1つ2点【28点】

① 2×8＝□

② 5×9＝□

③ 4×7＝□

④ 3×4＝□

⑤ 2×6＝□

⑥ 4×2＝□

⑦ 3×5＝□

⑧ 5×5＝□

⑨ 3×2＝□

⑩ 2×4＝□

⑪ 4×1＝□

⑫ 3×6＝□

⑬ 5×4＝□

⑭ 4×3＝□

3 計算を　しましょう。

1つ2点【48点】

① 4×6
② 3×8
③ 2×5
④ 5×2
⑤ 3×1
⑥ 4×5
⑦ 2×3
⑧ 5×7
⑨ 2×1
⑩ 5×3
⑪ 4×8
⑫ 3×9
⑬ 2×7
⑭ 5×1
⑮ 3×4
⑯ 4×7
⑰ 3×7
⑱ 2×9
⑲ 4×4
⑳ 5×8
㉑ 3×3
㉒ 4×9
㉓ 5×6
㉔ 2×2

4 □に　数を　書きましょう。

1つ2点【16点】

① 3×□＝12
② 4×□＝20
③ 5×□＝15
④ 2×□＝16
⑤ 4×□＝28
⑥ 3×□＝27
⑦ 2×□＝10
⑧ 5×□＝40

今日で　10回。この　ちょうしだ！

答え ▶ 78ページ

11

2，3，4，5のだんの　九九の　れんしゅう②

もくひょう 15分

月　　日

とく点

点

1 つぎの　数(かず)を，かけ算(ざん)の　しきに　書(か)いて　あらわしましょう。

1つ2点【8点】

① 2の　9ばい

(　　　　)＝(　　　)

② 5の　3ばい

(　　　　)＝(　　　)

③ 4の　6ばい

(　　　　)＝(　　　)

④ 3の　7ばい

(　　　　)＝(　　　)

2 □に　数を　書きましょう。

1つ2点【26点】

① $3\times3=\square$

② $5\times2=\square$

③ $2\times6=\square$

④ $4\times1=\square$

⑤ $3\times8=\square$

⑥ $2\times2=\square$

⑦ $5\times3=\square$

⑧ $4\times7=\square$

⑨ $3\times5=\square$

⑩ $5\times9=\square$

⑪ $2\times4=\square$

⑫ $4\times4=\square$

⑬ $2\times1=\square$

にがてな　九九(くく)は，くりかえして　れんしゅうしよう。

3 計算を　しましょう。

1つ2点【48点】

① 2×9

② 3×7

③ 5×1

④ 4×2

⑤ 3×4

⑥ 5×8

⑦ 4×6

⑧ 2×7

⑨ 5×5

⑩ 3×1

⑪ 2×3

⑫ 4×9

⑬ 3×2

⑭ 4×5

⑮ 2×8

⑯ 5×7

⑰ 3×9

⑱ 5×6

⑲ 4×3

⑳ 2×5

㉑ 5×4

㉒ 3×6

㉓ 4×8

㉔ 2×6

4 答えが　同じに　なる　かけ算を　下から　えらんで，記ごうで　答えましょう。

1つ3点【18点】

① 2×8　（　　）

② 3×6　（　　）

③ 4×1　（　　）

④ 3×5　（　　）

⑤ 4×6　（　　）

⑥ 2×6　（　　）

［ ㋐ 3×4　㋑ 2×2　㋒ 4×4　㋓ 5×2
㋔ 2×9　㋕ 4×7　㋖ 5×3　㋗ 3×8 ］

べんきょうは，楽しく　やるのが　いちばん！

答え ▶ 79ページ

12 6～9，1のだんの　九九
6のだんの　九九

月　　日
とく点

点

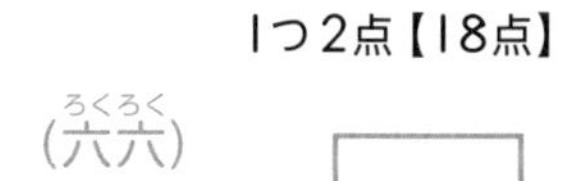

1 ●の　数(かず)を　□に　書(か)きましょう。　1つ2点【18点】

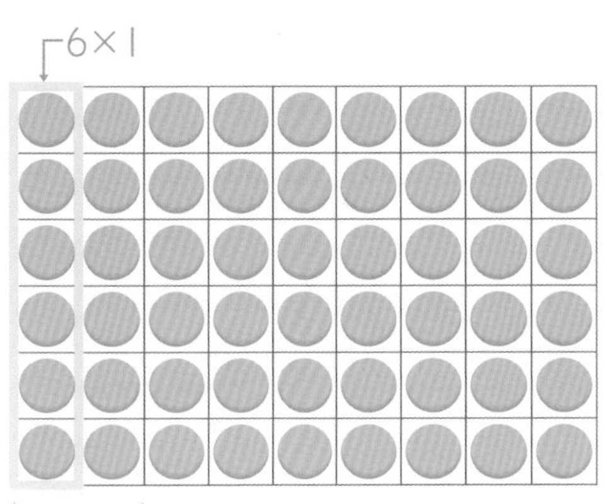
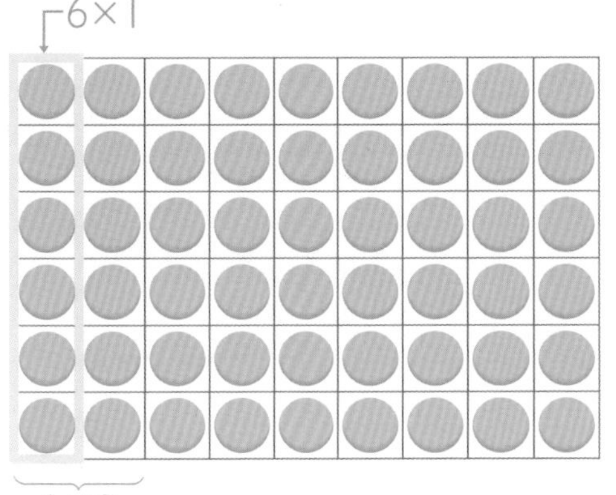

6×2の　しきで，
6を　かけられる数，
2を　かける数と　いうよ。

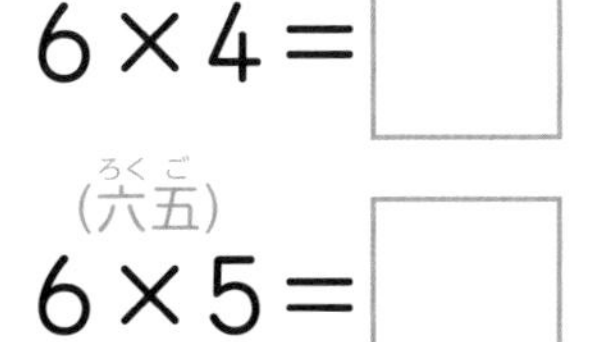

(六一が(ろくいち))
$6\times1=$ 6

(六二(ろくに))
$6\times2=$ □

(六三(ろくさん))
$6\times3=$ □

(六四(ろくし))
$6\times4=$ □

(六五(ろくご))
$6\times5=$ □

(六六(ろくろく))
$6\times6=$ □

(六七(ろくしち))
$6\times7=$ □

(六八(ろくは))
$6\times8=$ □

(六九(ろっく))
$6\times9=$ □

2 九九(くく)を　言(い)いながら　□に　数を　書きましょう。　1つ2点【18点】

① (六一が) $6\times1=$ □

② (六二) $6\times2=$ □

③ (六三) $6\times3=$ □

④ (六四) $6\times4=$ □

⑤ (六五) $6\times5=$ □

⑥ (六六) $6\times6=$ □

⑦ (六七) $6\times7=$ □

⑧ (六八) $6\times8=$ □

⑨ (六九) $6\times9=$ □

3 計算を　しましょう。

1つ2点【28点】

① 6×1

② 6×2

③ 6×3

④ 6×4

⑤ 6×5

⑥ 6×6

⑦ 6×7

⑧ 6×8

⑨ 6×9

⑩ 6×5

⑪ 6×6

⑫ 6×7

⑬ 6×8

⑭ 6×9

4 計算を　しましょう。

1つ3点【36点】

① 6×5

② 6×1

③ 6×3

④ 6×7

⑤ 6×4

⑥ 6×8

⑦ 6×9

⑧ 6×2

⑨ 6×8

⑩ 6×6

⑪ 6×3

⑫ 6×9

毎日　つづければ，かならず　計算力が　つくよ。

答え ▶ 79ページ

6～9，1のだんの　九九

13 6のだんの　九九の れんしゅう

1 九九を　言いながら　□に　数を　書きましょう。 1つ2点【18点】

① (六三) $6\times3=$□

② (六四) $6\times4=$□

③ (六五) $6\times5=$□

④ (六六) $6\times6=$□

⑤ (六七) $6\times7=$□

⑥ (六八) $6\times8=$□

⑦ (六九) $6\times9=$□

⑧ (六一が) $6\times1=$□

⑨ (六二) $6\times2=$□

2 □に　数を　書きましょう。 1つ2点【18点】

① $6\times9=$□

② $6\times8=$□

③ $6\times7=$□

④ $6\times6=$□

⑤ $6\times5=$□

⑥ $6\times4=$□

⑦ $6\times3=$□

⑧ $6\times2=$□

⑨ $6\times1=$□

6×4の　答えは，かけられる数と かける数を　入れかえた　4×6の 答えと　同じだね。

3 計算(けいさん)を　しましょう。

1つ2点【48点】

① 6×2
② 6×1
③ 6×7
④ 6×3
⑤ 6×5
⑥ 6×4
⑦ 6×6
⑧ 6×8
⑨ 6×9
⑩ 6×3
⑪ 6×8
⑫ 6×1
⑬ 6×4
⑭ 6×6
⑮ 6×7
⑯ 6×5
⑰ 6×2
⑱ 6×5
⑲ 6×7
⑳ 6×9
㉑ 6×3
㉒ 6×4
㉓ 6×1
㉔ 6×8

4 □に　数(かず)を　書(か)きましょう。

1つ2点【16点】

① 6×□＝30
② 6×□＝12
③ 6×□＝42
④ 6×□＝36
⑤ 6×□＝54
⑥ 6×□＝18
⑦ 6×□＝48
⑧ 6×□＝24

むずかしい　九九(くく)も，れんしゅうすれば　おぼえられるよ。

答え ▶ 80ページ

6〜9，1のだんの　九九

14 7のだんの　九九

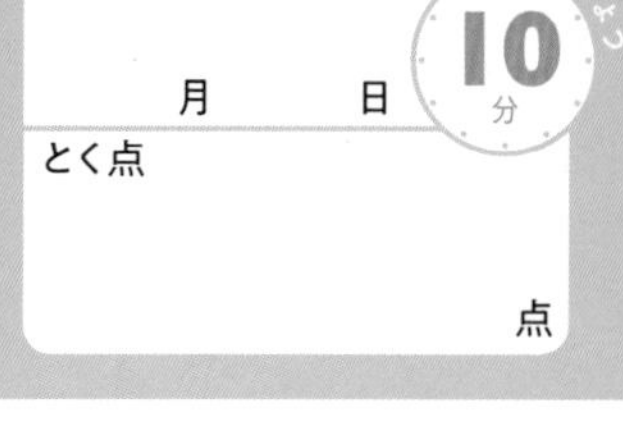

1 ●の　数(かず)を　□に　書(か)きましょう。

1つ2点【18点】

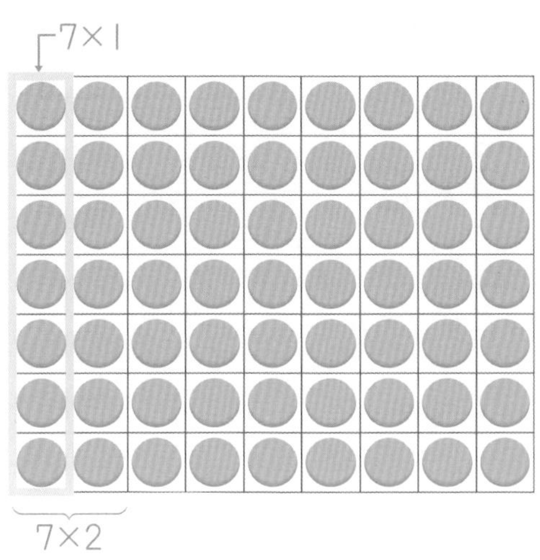

(七一(しちいち)が)
7×1＝ 7

(七二(しちに))
7×2＝□

(七三(しちさん))
7×3＝□

(七四(しちし))
7×4＝□

(七五(しちご))
7×5＝□

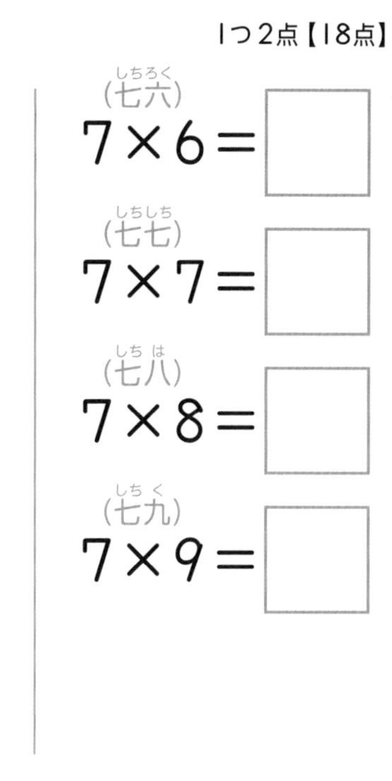

(七六(しちろく))
7×6＝□

(七七(しちしち))
7×7＝□

(七八(しちは))
7×8＝□

(七九(しちく))
7×9＝□

2 九九(くく)を　言(い)いながら　□に　数を　書きましょう。

1つ2点【18点】

① (七一が) 7×1＝□

② (七二) 7×2＝□

③ (七三) 7×3＝□

④ (七四) 7×4＝□

⑤ (七五) 7×5＝□

⑥ (七六) 7×6＝□

⑦ (七七) 7×7＝□

⑧ (七八) 7×8＝□

⑨ (七九) 7×9＝□

7のだんでは，かける数が
1　ふえると，答(こた)えは　7
ふえるね。

3 計算を　しましょう。

1つ2点【28点】

① 7×1

② 7×2

③ 7×3

④ 7×4

⑤ 7×5

⑥ 7×6

⑦ 7×7

⑧ 7×8

⑨ 7×9

⑩ 7×2

⑪ 7×3

⑫ 7×4

⑬ 7×5

⑭ 7×6

4 計算を　しましょう。

1つ3点【36点】

① 7×4

② 7×6

③ 7×3

④ 7×5

⑤ 7×1

⑥ 7×8

⑦ 7×9

⑧ 7×2

⑨ 7×6

⑩ 7×3

⑪ 7×7

⑫ 7×4

アプリに，とく点を　とうろくしよう！

答え ▶ 80ページ

6～9，1のだんの　九九

15 7のだんの　九九の れんしゅう

もくひょう 15分

月　日

とく点

点

1 九九を　言いながら　□に　数を　書きましょう。 1つ2点【18点】

①（七六） $7\times6=$ □

②（七七） $7\times7=$ □

③（七八） $7\times8=$ □

④（七九） $7\times9=$ □

⑤（七一が） $7\times1=$ □

⑥（七二） $7\times2=$ □

⑦（七三） $7\times3=$ □

⑧（七四） $7\times4=$ □

⑨（七五） $7\times5=$ □

2 □に　数を　書きましょう。 1つ2点【18点】

① $7\times9=$ □

② $7\times8=$ □

③ $7\times7=$ □

④ $7\times6=$ □

⑤ $7\times5=$ □

⑥ $7\times4=$ □

⑦ $7\times3=$ □

⑧ $7\times2=$ □

⑨ $7\times1=$ □

7のだんは，おぼえにくい　九九が多いから，何回も　れんしゅうしようね。

3 計算を　しましょう。

1つ2点【48点】

① 7×3

② 7×1

③ 7×6

④ 7×2

⑤ 7×7

⑥ 7×4

⑦ 7×9

⑧ 7×5

⑨ 7×8

⑩ 7×3

⑪ 7×5

⑫ 7×4

⑬ 7×9

⑭ 7×6

⑮ 7×7

⑯ 7×8

⑰ 7×2

⑱ 7×1

⑲ 7×7

⑳ 7×5

㉑ 7×8

㉒ 7×3

㉓ 7×9

㉔ 7×6

4 □に　数を　書きましょう。

1つ2点【16点】

① 7×□＝28

② 7×□＝42

③ 7×□＝49

④ 7×□＝35

⑤ 7×□＝21

⑥ 7×□＝63

⑦ 7×□＝14

⑧ 7×□＝56

計算力は，れんしゅうを　くりかえすと　つくよ。

答え ▶ 81ページ

16

6〜9，1のだんの　九九

8のだんの　九九

1 ●の　数を　□に　書きましょう。

1つ2点【18点】

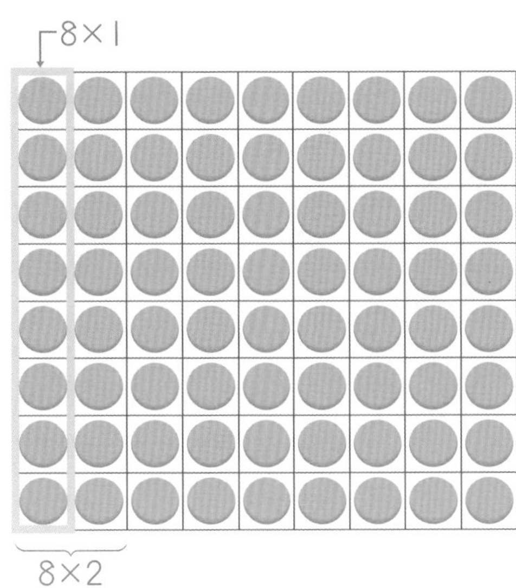

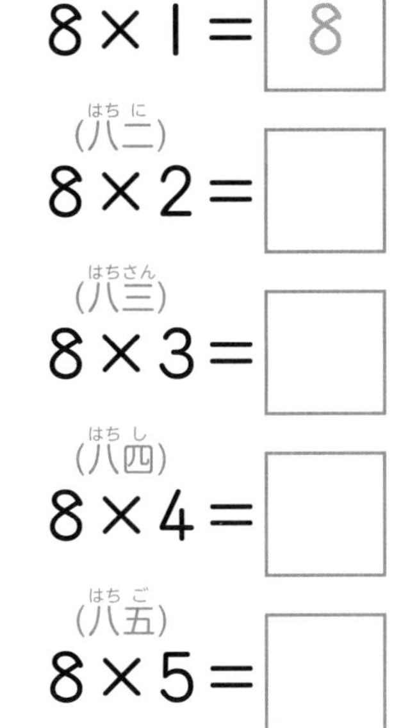

(八一が)
8×1＝8

(八二)
8×2＝□

(八三)
8×3＝□

(八四)
8×4＝□

(八五)
8×5＝□

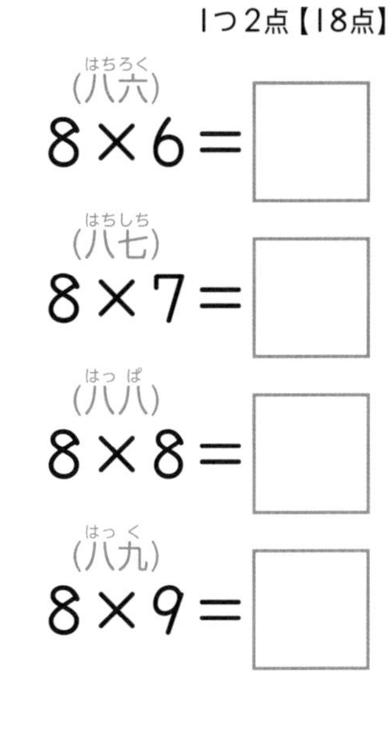

(八六)
8×6＝□

(八七)
8×7＝□

(八八)
8×8＝□

(八九)
8×9＝□

2 九九を　言いながら　□に　数を　書きましょう。

1つ2点【18点】

① (八一が) 8×1＝□

② (八二) 8×2＝□

③ (八三) 8×3＝□

④ (八四) 8×4＝□

⑤ (八五) 8×5＝□

⑥ (八六) 8×6＝□

⑦ (八七) 8×7＝□

⑧ (八八) 8×8＝□

⑨ (八九) 8×9＝□

8のだんでは，かける数が　1　ふえると，答えは　8　ふえるよ。

3 計算を　しましょう。

1つ2点【28点】

① 8×1

② 8×2

③ 8×3

④ 8×4

⑤ 8×5

⑥ 8×6

⑦ 8×7

⑧ 8×8

⑨ 8×9

⑩ 8×4

⑪ 8×5

⑫ 8×6

⑬ 8×7

⑭ 8×8

4 計算を　しましょう。

1つ3点【36点】

① 8×6

② 8×3

③ 8×7

④ 8×2

⑤ 8×4

⑥ 8×1

⑦ 8×9

⑧ 8×5

⑨ 8×6

⑩ 8×8

⑪ 8×3

⑫ 8×7

ちょうしが　わるい　ときでも　あせらないで！

答え ▶ 81ページ

17 6～9，1のだんの　九九
8のだんの　九九の れんしゅう

もくひょう 15分

月　日

とく点

点

1 九九(くく)を　言(い)いながら　□に　数(かず)を　書(か)きましょう。　1つ2点【18点】

① (八三) 8×3=□

② (八四) 8×4=□

③ (八五) 8×5=□

④ (八六) 8×6=□

⑤ (八七) 8×7=□

⑥ (八八) 8×8=□

⑦ (八九) 8×9=□

⑧ (八一が) 8×1=□

⑨ (八二) 8×2=□

2 □に　数を　書きましょう。　1つ2点【18点】

① 8×9=□

② 8×8=□

③ 8×7=□

④ 8×6=□

⑤ 8×5=□

⑥ 8×4=□

⑦ 8×3=□

⑧ 8×2=□

⑨ 8×1=□

8×6の　答(こた)えを　八六42と　する
ミスを　しやすいので　ちゅういしてね。

3 計算を　しましょう。

1つ2点【48点】

① 8×4	⑨ 8×8	⑰ 8×5
② 8×1	⑩ 8×2	⑱ 8×1
③ 8×7	⑪ 8×5	⑲ 8×3
④ 8×5	⑫ 8×3	⑳ 8×7
⑤ 8×2	⑬ 8×6	㉑ 8×4
⑥ 8×6	⑭ 8×4	㉒ 8×6
⑦ 8×9	⑮ 8×9	㉓ 8×2
⑧ 8×3	⑯ 8×7	㉔ 8×8

4 □に　数を　書きましょう。

1つ2点【16点】

① 8×□＝32	⑤ 8×□＝48
② 8×□＝56	⑥ 8×□＝72
③ 8×□＝40	⑦ 8×□＝24
④ 8×□＝16	⑧ 8×□＝64

べんきょうに　近道は　ないよ。コツコツ　がんばろうね。

答え ▶ 82ページ

18 6～9，1のだんの　九九
9のだんの　九九

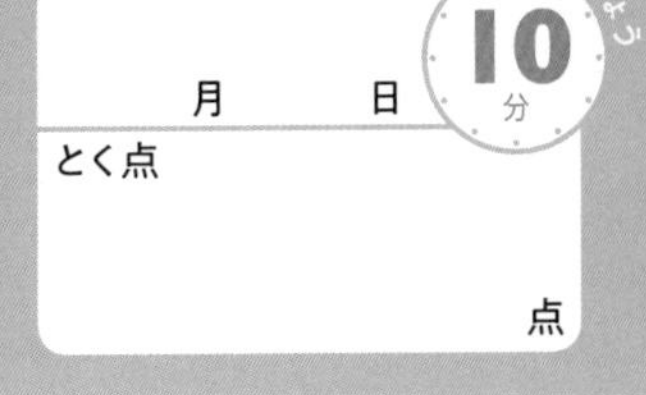

1 ●の　数を　□に　書きましょう。　1つ2点【18点】

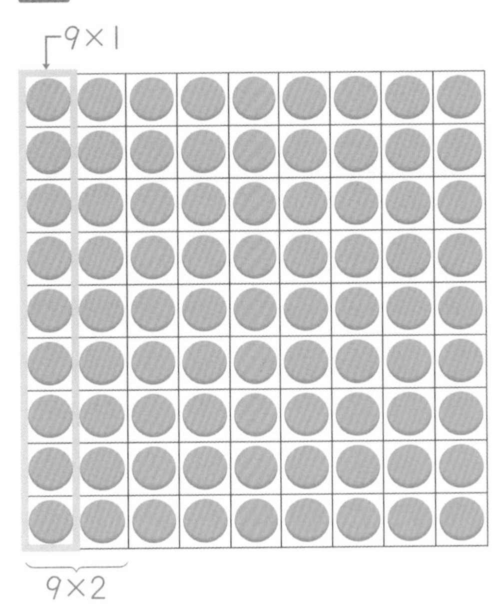

(九一が)　9×1＝9
(九二)　9×2＝□
(九三)　9×3＝□
(九四)　9×4＝□
(九五)　9×5＝□
(九六)　9×6＝□
(九七)　9×7＝□
(九八)　9×8＝□
(九九)　9×9＝□

2 九九を　言いながら　□に　数を　書きましょう。　1つ2点【18点】

① (九一が)　9×1＝□
② (九二)　9×2＝□
③ (九三)　9×3＝□
④ (九四)　9×4＝□
⑤ (九五)　9×5＝□
⑥ (九六)　9×6＝□
⑦ (九七)　9×7＝□
⑧ (九八)　9×8＝□
⑨ (九九)　9×9＝□

9のだんの　九九の　答えは，一のくらいが
9，8，7，…と　1ずつ　へって　いるよ。

3 計算を　しましょう。

1つ2点【28点】

① 9×1

② 9×2

③ 9×3

④ 9×4

⑤ 9×5

⑥ 9×6

⑦ 9×7

⑧ 9×8

⑨ 9×9

⑩ 9×5

⑪ 9×6

⑫ 9×7

⑬ 9×8

⑭ 9×9

4 計算を　しましょう。

1つ3点【36点】

① 9×2

② 9×6

③ 9×8

④ 9×7

⑤ 9×1

⑥ 9×4

⑦ 9×9

⑧ 9×2

⑨ 9×5

⑩ 9×3

⑪ 9×8

⑫ 9×4

半分を　すぎたよ。ここまで　がんばって　きたね。

答え ▶ 82ページ

6～9，1のだんの　九九

19 9のだんの　九九の れんしゅう

1 九九を　言いながら　□に　数を　書きましょう。 1つ2点【18点】

① (九三) 9×3＝□

② (九四) 9×4＝□

③ (九五) 9×5＝□

④ (九六) 9×6＝□

⑤ (九七) 9×7＝□

⑥ (九八) 9×8＝□

⑦ (九九) 9×9＝□

⑧ (九一が) 9×1＝□

⑨ (九二) 9×2＝□

2 □に　数を　書きましょう。 1つ2点【18点】

① 9×9＝□

② 9×8＝□

③ 9×7＝□

④ 9×6＝□

⑤ 9×5＝□

⑥ 9×4＝□

⑦ 9×3＝□

⑧ 9×2＝□

⑨ 9×1＝□

9×4と　4×9は，答えが　同じだね。
九九が　わからなく　なったら　かけられる数と
かける数を　入れかえて　考えても　いいよ。

3 計算を　しましょう。

1つ2点【48点】

① 9×4	⑨ 9×9	⑰ 9×1
② 9×5	⑩ 9×2	⑱ 9×5
③ 9×1	⑪ 9×8	⑲ 9×3
④ 9×3	⑫ 9×6	⑳ 9×2
⑤ 9×2	⑬ 9×3	㉑ 9×7
⑥ 9×8	⑭ 9×5	㉒ 9×9
⑦ 9×7	⑮ 9×7	㉓ 9×8
⑧ 9×6	⑯ 9×4	㉔ 9×6

4 □に　数を　書きましょう。

1つ2点【16点】

① $9 \times \square = 81$	⑤ $9 \times \square = 63$
② $9 \times \square = 18$	⑥ $9 \times \square = 72$
③ $9 \times \square = 45$	⑦ $9 \times \square = 54$
④ $9 \times \square = 27$	⑧ $9 \times \square = 36$

今日も　さいごまで　がんばったね。

答え ▶ 82ページ

20 6～9，1のだんの 九九
1のだんの 九九

1 あめの 数を □に 書きましょう。 1つ2点【18点】

(一一が) 1×1=[1]

(一二が) 1×2=□

(一三が) 1×3=□

(一四が) 1×4=□

(一五が) 1×5=□

(一六が) 1×6=□

(一七が) 1×7=□

(一八が) 1×8=□

(一九が) 1×9=□

2 九九を 言いながら □に 数を 書きましょう。 1つ2点【18点】

① (一一が) 1×1=□

② (一二が) 1×2=□

③ (一三が) 1×3=□

④ (一四が) 1×4=□

⑤ (一五が) 1×5=□

⑥ (一六が) 1×6=□

⑦ (一七が) 1×7=□

⑧ (一八が) 1×8=□

⑨ (一九が) 1×9=□

1のだんでは，かける数が 1 ふえると，答えは 1 ふえるね。

3 計算を　しましょう。

1つ2点【28点】

① 1×1

② 1×2

③ 1×3

④ 1×4

⑤ 1×5

⑥ 1×6

⑦ 1×7

⑧ 1×8

⑨ 1×9

⑩ 1×5

⑪ 1×6

⑫ 1×7

⑬ 1×8

⑭ 1×9

4 計算を　しましょう。

1つ3点【36点】

① 1×5

② 1×1

③ 1×9

④ 1×4

⑤ 1×8

⑥ 1×3

⑦ 1×6

⑧ 1×7

⑨ 1×1

⑩ 1×5

⑪ 1×2

⑫ 1×4

スラスラ　できたかな？　その　ちょうし！

答え ▶ 83ページ

6～9，1のだんの　九九

21 1のだんの　九九の れんしゅう

1 九九(くく)を　言(い)いながら　□に　数(かず)を　書(か)きましょう。　1つ2点【18点】

① （一四が） $1 \times 4 =$ □

② （一五が） $1 \times 5 =$ □

③ （一六が） $1 \times 6 =$ □

④ （一七が） $1 \times 7 =$ □

⑤ （一八が） $1 \times 8 =$ □

⑥ （一九が） $1 \times 9 =$ □

⑦ （一一が） $1 \times 1 =$ □

⑧ （一二が） $1 \times 2 =$ □

⑨ （一三が） $1 \times 3 =$ □

2 □に　数を　書きましょう。　1つ2点【18点】

① $1 \times 9 =$ □

② $1 \times 8 =$ □

③ $1 \times 7 =$ □

④ $1 \times 6 =$ □

⑤ $1 \times 5 =$ □

⑥ $1 \times 4 =$ □

⑦ $1 \times 3 =$ □

⑧ $1 \times 2 =$ □

⑨ $1 \times 1 =$ □

1のだんでは，かける数と　答(こた)えが
同(おな)じ　数に　なるんだね。

3 計算(けいさん)を　しましょう。

1つ2点【48点】

① 1×7
② 1×2
③ 1×4
④ 1×1
⑤ 1×5
⑥ 1×8
⑦ 1×6
⑧ 1×3

⑨ 1×9
⑩ 1×2
⑪ 1×7
⑫ 1×4
⑬ 1×6
⑭ 1×3
⑮ 1×5
⑯ 1×8

⑰ 1×3
⑱ 1×1
⑲ 1×9
⑳ 1×5
㉑ 1×2
㉒ 1×4
㉓ 1×7
㉔ 1×6

4 □に　数(かず)を　書(か)きましょう。

1つ2点【16点】

① 1×□=8
② 1×□=5
③ 1×□=4
④ 1×□=2

⑤ 1×□=7
⑥ 1×□=3
⑦ 1×□=6
⑧ 1×□=9

ぜんぶの　だんの　九九(くく)まで　たどりついたね！

答え ▶ 83ページ

22 6〜9，1のだんの九九の　れんしゅう①

1 □に　数(かず)を　書(か)きましょう。　1つ2点【36点】

① 6×2=□
② 9×1=□
③ 7×2=□
④ 1×7=□
⑤ 8×9=□
⑥ 8×3=□
⑦ 9×8=□
⑧ 7×4=□
⑨ 1×6=□
⑩ 6×4=□
⑪ 8×8=□
⑫ 7×9=□
⑬ 8×6=□
⑭ 9×2=□
⑮ 6×1=□
⑯ 7×5=□
⑰ 6×7=□
⑱ 9×5=□

にがてな　九九(くく)を　見つけたら，何回(なんかい)も
れんしゅうして　おぼえようね。

2 計算を　しましょう。

1つ2点【48点】

① 8×4

② 1×9

③ 6×5

④ 9×6

⑤ 7×8

⑥ 6×3

⑦ 8×1

⑧ 9×7

⑨ 6×8

⑩ 8×2

⑪ 1×1

⑫ 9×4

⑬ 7×7

⑭ 6×9

⑮ 8×5

⑯ 7×3

⑰ 1×2

⑱ 7×6

⑲ 9×3

⑳ 6×6

㉑ 8×7

㉒ 7×1

㉓ 9×9

㉔ 1×4

3 □に　数を　書きましょう。

1つ2点【16点】

① $1 \times \square = 5$

② $9 \times \square = 18$

③ $8 \times \square = 48$

④ $7 \times \square = 35$

⑤ $6 \times \square = 24$

⑥ $8 \times \square = 32$

⑦ $7 \times \square = 63$

⑧ $9 \times \square = 72$

九九が　できると　べんりだよ。しっかり　おぼえようね。

答え ▶ 83ページ

6〜9，1のだんの　九九

23 6〜9，1のだんの九九の　れんしゅう②

1 □に　数(かず)を　書(か)きましょう。　1つ2点【40点】

① 8×7＝□

② 9×1＝□

③ 7×5＝□

④ 6×2＝□

⑤ 1×3＝□

⑥ 9×4＝□

⑦ 7×2＝□

⑧ 6×5＝□

⑨ 8×8＝□

⑩ 9×9＝□

⑪ 6×1＝□

⑫ 8×2＝□

⑬ 9×7＝□

⑭ 7×8＝□

⑮ 8×9＝□

⑯ 1×5＝□

⑰ 7×4＝□

⑱ 6×8＝□

⑲ 1×9＝□

⑳ 7×6＝□

2 計算を　しましょう。

1つ2点【48点】

① 1×4	⑨ 8×5	⑰ 7×1
② 9×3	⑩ 9×6	⑱ 8×3
③ 7×9	⑪ 1×1	⑲ 6×4
④ 8×1	⑫ 8×4	⑳ 7×7
⑤ 6×6	⑬ 6×7	㉑ 9×8
⑥ 9×5	⑭ 7×3	㉒ 1×2
⑦ 7×2	⑮ 9×2	㉓ 8×6
⑧ 1×8	⑯ 6×9	㉔ 6×3

3 答えが　同じに　なる　かけ算を　下から　えらんで，記ごうで　答えましょう。

1つ2点【12点】

① 3×9 (　　)	④ 8×3 (　　)
② 9×4 (　　)	⑤ 4×4 (　　)
③ 6×3 (　　)	⑥ 6×7 (　　)

[㋐ 6×4　㋑ 7×4　㋒ 9×3　㋓ 6×6
㋔ 7×6　㋕ 8×2　㋖ 8×4　㋗ 9×2]

毎日の　べんきょうで，めざせ　計算名人！

答え ▶ 84ページ

24 九九の　れんしゅう
九九の　れんしゅう①

1 計算(けいさん)を　しましょう。　1つ2点【44点】

① 2×9

② 7×1

③ 5×6

④ 3×2

⑤ 8×5

⑥ 6×6

⑦ 1×4

⑧ 9×3

⑨ 5×2

⑩ 4×9

⑪ 7×5

⑫ 5×8

⑬ 1×1

⑭ 3×6

⑮ 2×7

⑯ 8×3

⑰ 6×2

⑱ 4×4

⑲ 9×6

⑳ 7×9

㉑ 3×5

㉒ 8×8

1～9のだんの　九九(くく)が　ぜんぶ
出て　くるよ。

2 計算を　しましょう。

1つ2点【48点】

① 3×3

② 4×6

③ 6×9

④ 1×8

⑤ 7×7

⑥ 5×4

⑦ 9×2

⑧ 2×5

⑨ 8×2

⑩ 6×1

⑪ 3×7

⑫ 5×5

⑬ 7×3

⑭ 4×8

⑮ 1×6

⑯ 9×4

⑰ 2×2

⑱ 5×3

⑲ 8×9

⑳ 6×5

㉑ 9×7

㉒ 3×9

㉓ 7×2

㉔ 4×5

3 答えが　同じに　なる　かけ算を　えらんで，線で　むすびましょう。

1つ2点【8点】

6×4	4×3	6×6	9×2
3×6	8×3	4×9	6×2

べんきょうは　毎日の　つみかさねが　だいじだよ。

答え ▶ 84ページ

25 九九の　れんしゅう

九九の　れんしゅう②

もくひょう 15分

月　　日

とく点

点

1 計算を　しましょう。

1つ2点【44点】

① 6×5

② 2×4

③ 8×7

④ 1×3

⑤ 3×4

⑥ 7×7

⑦ 4×2

⑧ 5×7

⑨ 9×9

⑩ 3×1

⑪ 6×3

⑫ 7×4

⑬ 5×9

⑭ 2×6

⑮ 4×7

⑯ 1×2

⑰ 8×6

⑱ 3×7

⑲ 9×8

⑳ 6×4

㉑ 5×2

㉒ 7×6

まちがえやすい　九九は　あるかな？
何回も　れんしゅうして　おぼえようね。

2 計算を　しましょう。

1つ2点【48点】

① 1×9
② 4×3
③ 6×8
④ 2×5
⑤ 5×1
⑥ 8×4
⑦ 9×5
⑧ 3×8
⑨ 7×6
⑩ 5×5
⑪ 2×3
⑫ 4×8
⑬ 9×1
⑭ 3×7
⑮ 8×8
⑯ 6×7
⑰ 8×1
⑱ 7×8
⑲ 9×4
⑳ 2×8
㉑ 5×6
㉒ 4×1
㉓ 6×9
㉔ 3×3

3 □に　あてはまる　>，<，＝を　書きましょう。

1つ2点【8点】

① 3×7 □ 5×4
② 2×6 □ 4×3
③ 8×6 □ 7×7
④ 6×3 □ 8×2

大小は，>，<で，
大>小
小<大 と　あらわすんだね。

つぎは　楽しい　パズルだよ！

答え ▶ 85ページ

26 算数パズル ［何が　かくれて　いるかな？］

1 かけ算の　答えが　30より　大きい　ところ　ぜんぶを，すきな　色で　ぬろう。何が　かくれて　いるかな。

答え

❷ かけ算の 答えが 35より 小さい ところ ぜんぶを，すきな 色で ぬろう。何が かくれて いるかな。

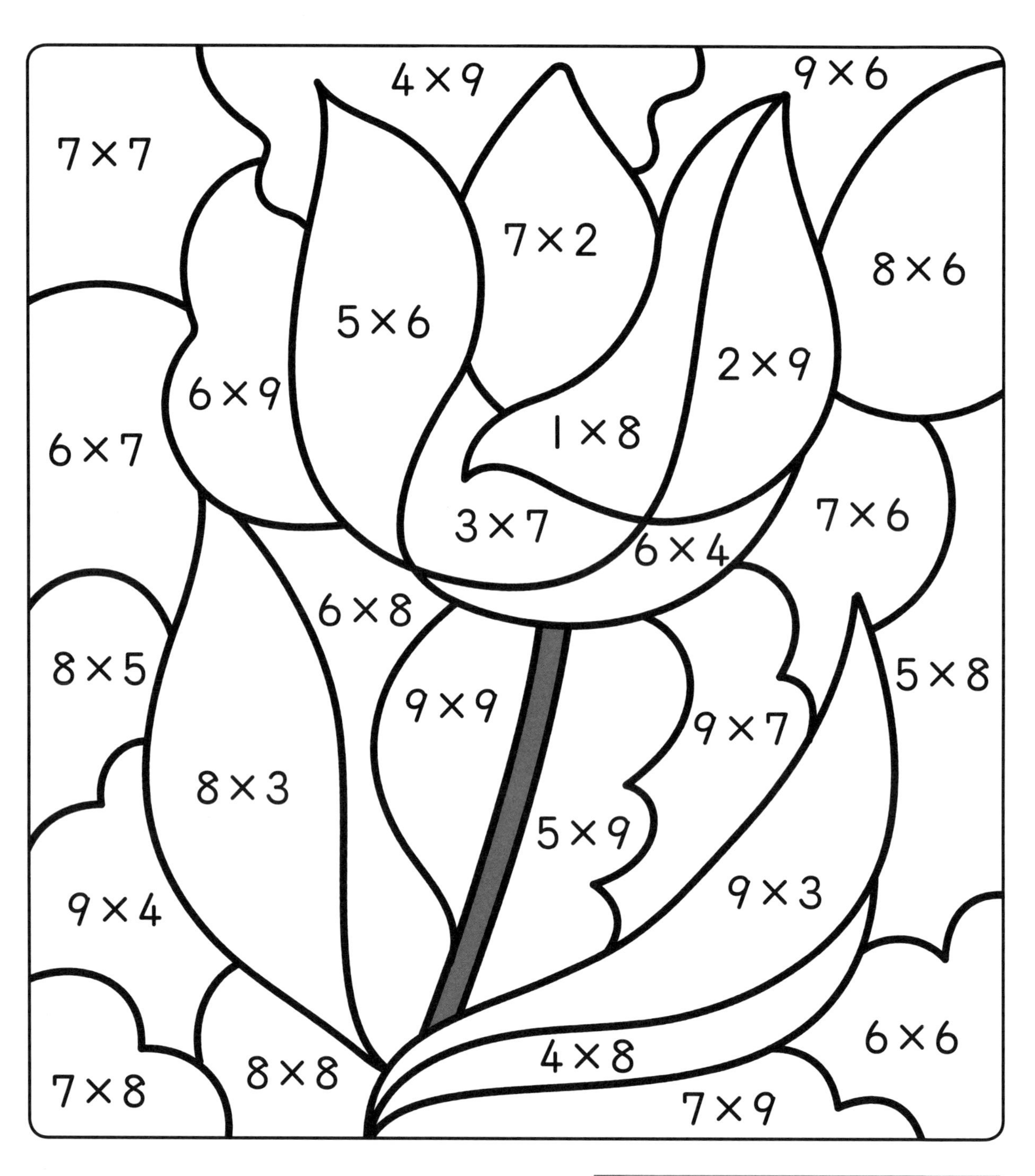

答え

答え ▶ 85ページ

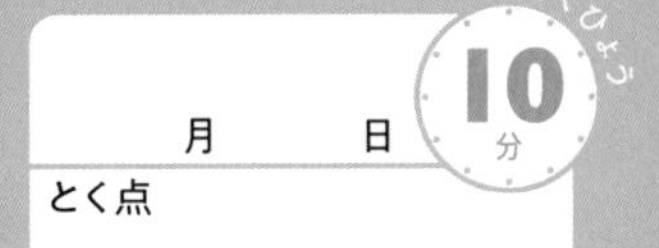

27 九九の　ひょうの　見方

1 下の　九九(くく)の　ひょうの　㋐～㋚に　答(こた)えを　入れて，ひょうを　しあげましょう。　　1つ2点【22点】

2×3　　3×7

	かける数(かず)								
かけられる数	1	2	3	4	5	6	7	8	9
1	1	2	3	4	5	6	7	㋐	9
2	2	㋑	6	8	10	12	14	16	18
3	3	6	9	12	15	18	21	24	㋒
4	4	8	㋓	16	20	24	28	32	36
5	5	10	15	㋔	25	30	35	40	45
6	6	12	18	24	30	36	42	㋕	54
7	㋖	14	21	28	35	㋗	49	56	63
8	8	16	24	㋘	40	48	㋙	64	72
9	9	18	27	36	㋚	54	63	72	81

2 答えが　つぎの　数(かず)に　なる　九九を　2つずつ　書(か)きます。□に　数を　書きましょう。　　1つ2点【10点】

① 7 ➡ 1×7と

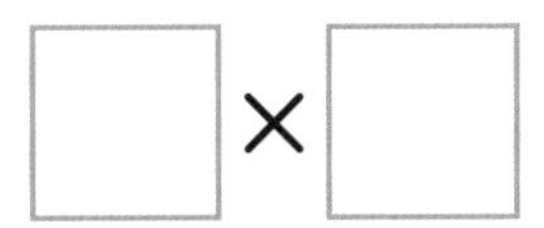

② 30 ➡ 5×□と

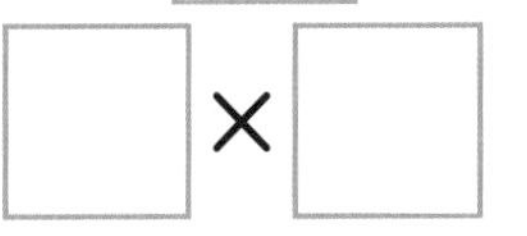

3 下の　九九の　ひょうの　㋐～㋨に　答えを　入れて，ひょうを　しあげましょう。

1つ2点【50点】

		かける数								
		1	2	3	4	5	6	7	8	9
かけられる数	1	1	2	3	4	㋐	㋑	7	8	9
	2	2	4	6	㋒	10	㋓	14	16	18
	3	3	6	9	12	㋔	18	㋕	24	27
	4	4	8	12	㋖	20	㋗	28	32	㋘
	5	5	10	㋙	20	25	30	㋚	㋛	45
	6	6	12	18	㋜	30	㋝	42	48	㋞
	7	7	㋟	21	㋠	35	42	49	㋡	63
	8	8	16	㋢	32	㋣	48	56	64	㋤
	9	9	18	27	㋥	45	㋦	㋧	㋨	81

4 答えが　つぎの　数に　なる　九九を　ぜんぶ　書きましょう。

1つ6点【18点】

① 6　（　　　　　　　　　　）

② 32　（　　　　　　　　　　）

③ 36　（　　　　　　　　　　）

アプリに，とく点を　とうろくしよう！

答え ▶ 85ページ

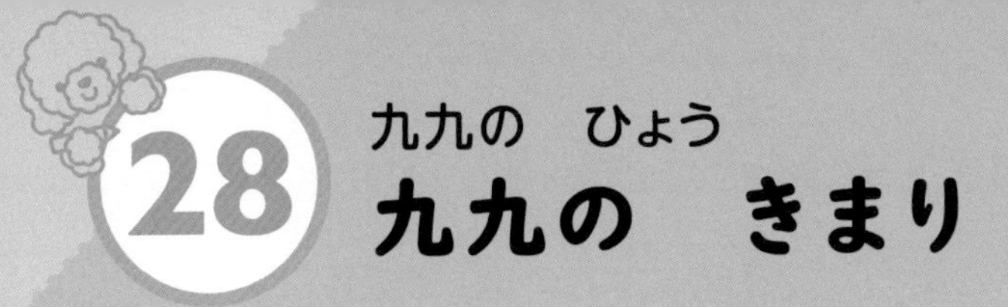

1 ひょうや □に 数を 書きましょう。　1つ4点【44点】

① 8のだんの 九九の ひょうを つくりましょう。

かける数

	1	2	3	4	5	6	7	8	9
かけられる数 8									

② 8×7の 答えは 8×6の 答えより □ 大きい。

③ 8のだんでは，かける数が 1 ふえると，答えは

□ ふえる。

2 右の 図を 見て，つぎの もんだいに 答えましょう。　1つ4点【16点】

7×2 { 3×㋐2 ; ㋑□×㋒□ }

① 図の □に 数を 書きましょう。

② つぎの □に 数を 書きましょう。

3×2の 答えと 4×2の 答えを たすと，□×2の 答えに なる。

②は，上の 図が ヒントに なるね。

3 □に　ことばを　書きましょう。　　1つ4点【8点】

① かけ算では，かける数が　1　ふえると，答えは□だけ　ふえる。

② かけ算では，かけられる数と　かける数を　入れかえて計算しても　答えは□に　なる。

4 □に　数を　書きましょう。　　1つ4点【12点】

① 6のだんでは，かける数が　1　ふえると，答えは□　ふえる。

② 9×9の　答えは　9×8の　答えより□　大きい。

③ 2×3の　答えと　6×3の　答えを　たすと，□×3の　答えに　なる。

5 □に　数を　書きましょう。　　1つ4点【20点】

① 5×2＝2×□

② 9×6＝□×9

③ 7×□＝4×7

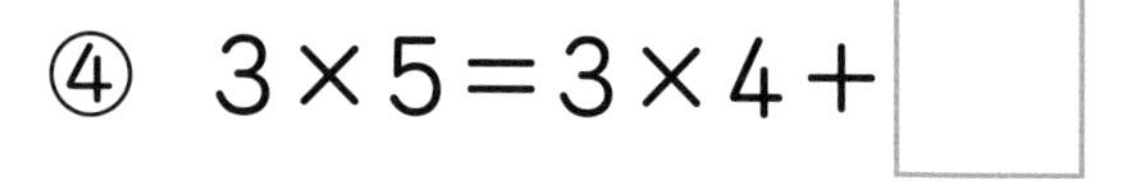

④ 3×5＝3×4＋□

⑤ 8×7＝8×6＋□

毎日の　べんきょうで，力は　ついて　いるよ。

答え ▶ 86ページ

九九の　ひょう

29 九九の　ひょうの　れんしゅう①

1 下の　九九の　ひょうの　㋐～㋣に　答えを　入れて，ひょうを　しあげましょう。

1つ2点【40点】

		かける数								
		1	2	3	4	5	6	7	8	9
かけられる数	1	1	2	3	4	㋐	6	7	8	9
	2	2	4	6	8	10	12	㋑	16	㋒
	3	3	6	9	㋓	15	18	21	24	㋔
	4	4	8	12	㋕	20	24	28	32	㋖
	5	5	㋗	15	20	25	30	㋘	40	45
	6	6	12	㋙	24	30	36	42	㋚	54
	7	7	㋛	21	28	㋜	㋝	49	56	㋞
	8	8	16	24	32	40	48	56	64	㋟
	9	9	18	㋠	36	㋡	㋢	63	72	㋣

2 答えが　つぎの　数に　なる　九九を　ぜんぶ　書きましょう。

1つ4点【8点】

① 4　（　　　　　　　　　　）

② 24　（　　　　　　　　　　）

3 □に 数(かず)を 書(か)きましょう。

1つ4点【24点】

① 3×5の 答(こた)えは 3×4の 答えより □ 大きい。

② 9×7の 答えは 9×□の 答えより 9 大きい。

③ 6×□の 答えは 6×8の 答えより 6 大きい。

④ 4×6の 答えと 1×6の 答えを たすと，□×6の 答えに なる。

かけられる数の
4と 1を
あわせると…。

⑤ 8×4の 答えは，5×4の 答えと □×4の 答えを たした 数に なる。

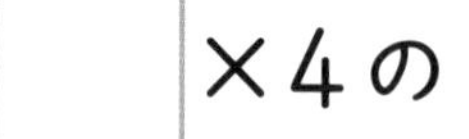

⑥ 3×5と 5×□の 答えは 同(おな)じ。

4 □に 数を 書きましょう。

1つ4点【28点】

① 8×4＝4×□

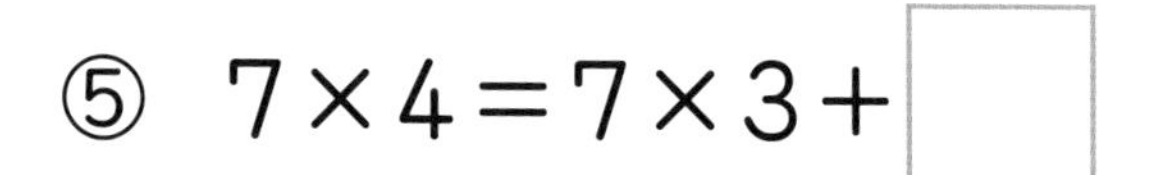

② 6×2＝□×6

③ 3×□＝7×3

④ □×5＝5×1

⑤ 7×4＝7×3＋□

⑥ 5×6＝5×5＋□

⑦ 4×8＝4×7＋□

今日(きょう)も いっぱい れんしゅうできたね。すごい！

答え ▶ 86ページ

30 九九の ひょう
九九を こえた かけ算

1 ★の 数(かず)を もとめます。□に 数を 書(か)きましょう。 1つ4点【16点】

① たて3この 11こ分(ぶん)だから，しきは，3×□

② かける数が 1 ふえると，答(こた)えは かけられる数だけ ふえるから，

3 ふえる　3 ふえる

3×9＝㋐□　3×10＝㋑□　3×11＝㋒□

2 12×2の 答えの 見つけ方(かた)を 2とおり 考(かんが)えます。□に 数を 書きましょう。 1つ3点【24点】

① 12×2＝2×㋐□

だから，

2×9＝㋑□

2 ふえる

2×10＝㋒□

2 ふえる

2×11＝㋓□

2 ふえる

2×12＝㋔□

② 12×2は 12の ㋕□つ分で，

12＋12＝㋖□だから，

12×2＝㋗□

①は，かけられる数と かける数を 入れかえて 計算(けいさん)して いるんだね。

3 □に 数を 書きましょう。
1つ2点【12点】

① $10 \times 2 = 2 \times \square$

② $4 \times 13 = \square \times 4$

③ 12×3

$= \square + \square + \square$

$= \square$

4 □に 数を 書きましょう。
1つ3点【21点】

① 5×10

↓

$5 \times 8 =$ ㋐□

$5 \times 9 =$ ㋑□

$5 \times 10 =$ ㋒□

② $11 \times 4 = 4 \times$ ㋕□

↓

$4 \times 9 =$ ㋖□

$4 \times 10 =$ ㋗□

$4 \times 11 =$ ㋘□

5 12のだんを つくります。□に 数を 書きましょう。
1つ3点【27点】

① $12 \times 1 = \square$

② $12 \times 2 = \square$

③ $12 \times 3 = \square$

④ $12 \times 4 = \square$

⑤ $12 \times 5 = \square$

⑥ $12 \times 6 = \square$

⑦ $12 \times 7 = \square$

⑧ $12 \times 8 = \square$

⑨ $12 \times 9 = \square$

今日も 楽しく ドリルが できたかな？

答え ▶ 86ページ

31 九九の ひょう
九九の ひょうを 広げて

月 日 10分
とく点 点

1 下の ひょうは，九九の ひょうを 広げた ものです。
□に 数を 書きましょう。 1つ8点【32点】

		かける数											
		1	2	3	4	5	6	7	8	9	10	11	12
かけられる数	1	1	2	3	4	5	6	7	8	9			
	2	2	4	6	8	10	12	14	16	18			
	3	3	6	9	12	15	18	21	24	27			
	4	4	8	12	16	20	24	28	32	36			㋐
	5	5	10	15	20	25	30	35	40	45			
	6	6	12	18	24	30	36	42	48	54			
	7	7	14	21	28	35	42	49	56	63			
	8	8	16	24	32	40	48	56	64	72			
	9	9	18	27	36	45	54	63	72	81			
	10												
	11												
	12				㋑								

㋐は，かけられる数が 4，かける数が 12。

① ㋐に 入る 数を もとめる しきは 4×□です。

② ㋑に 入る 数を もとめる しきは □×4です。

③ ㋐に 入る 数は □，㋑に 入る 数は □です。

2 九九の　ひょうを　広げます。下の　ひょうの　㋐～㋘に
あてはまる　答えを　書きましょう。

1つ4点【36点】

		かける数											
		1	2	3	4	5	6	7	8	9	10	11	12
かけられる数	1	1	2	3	4	5	6	7	8	9			
	2	2	4	6	8	10	12	14	16	18			
	3	3	6	9	12	15	18	21	24	27	㋐		
	4	4	8	12	16	20	24	28	32	36		㋑	
	5	5	10	15	20	25	30	35	40	45			㋒
	6	6	12	18	24	30	36	42	48	54	㋓		
	7	7	14	21	28	35	42	49	56	63			
	8	8	16	24	32	40	48	56	64	72			
	9	9	18	27	36	45	54	63	72	81			
	10	㋔			㋕								
	11						㋖			㋗			
	12			㋘									

九九の　きまりを
つかって　考えよ
うね。

3 □に　数を　書きましょう。

1つ8点【32点】

① 2×11＝□

② 10×5＝□

③ 3×12＝□

④ 13×2＝□

ミスした　計算に　もういちど　ちょうせん！

答え ▶ 87ページ

32 九九の ひょう
九九を つかって

1 右の ●の 数を，①～③の 考え方で，それぞれ もとめます。□に 数を 書きましょう。 1つ4点【56点】

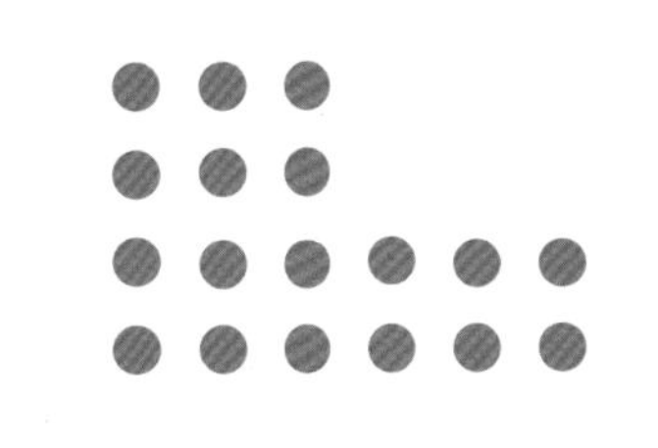

① あのように，4この まとまりと 2この まとまりに 分けると，

$4 \times 3 = 12$

㋐□ × ㋑□ ＝ ㋒□

12 ＋ ㋓□ ＝ ㋔□

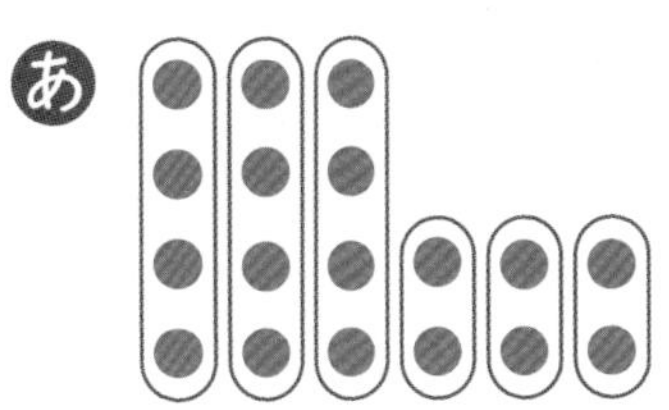

② いのように ●を うごかして，3この まとまりを つくると，

3 × ㋕□ ＝ ㋖□

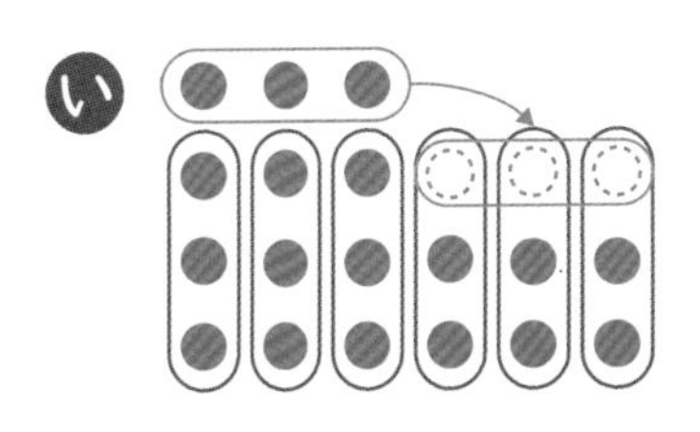

③ うのように，ない ところの ◌を ひくと 考えると，

㋗□ ×6＝ ㋘□

2 × ㋙□ ＝ ㋚□

㋛□ － ㋜□ ＝ ㋝□

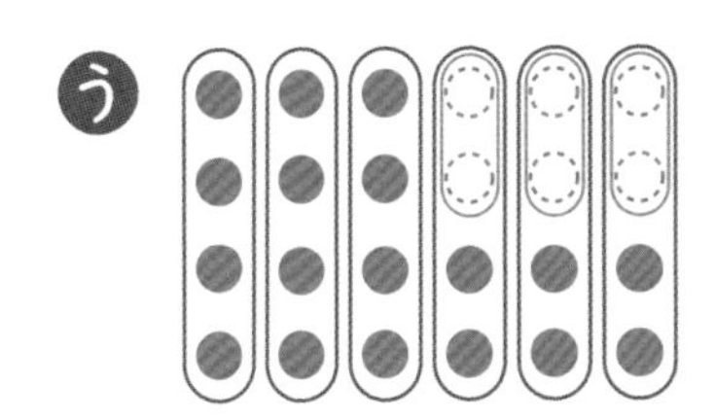

ひとまとまりの つくり方で，いろいろな もとめ方が あるね。

2 右の　●の　数を　もとめます。
ひとまとまりを　図のように　かこむと，
どのような　しきで　もとめられますか。
□に　数を　書きましょう。　ぜんぶ　できて【12点】

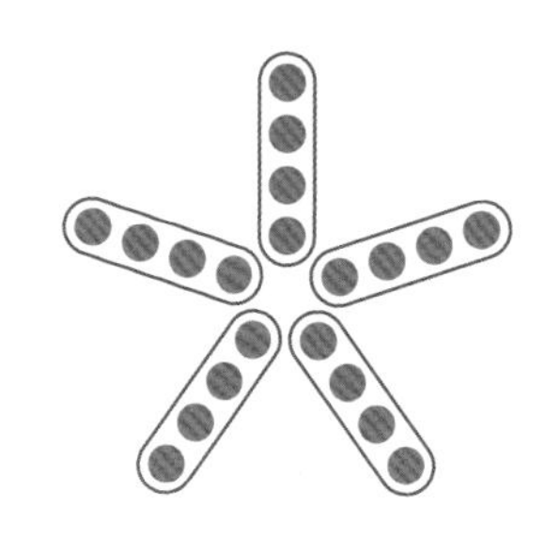

□×□＝□

3 右の　●の　数を，①，②の　しきで
もとめました。それぞれの　もとめ方を
あらわして　いる　図を　下から　えらび，
記ごうで　答えましょう。　1つ10点【20点】

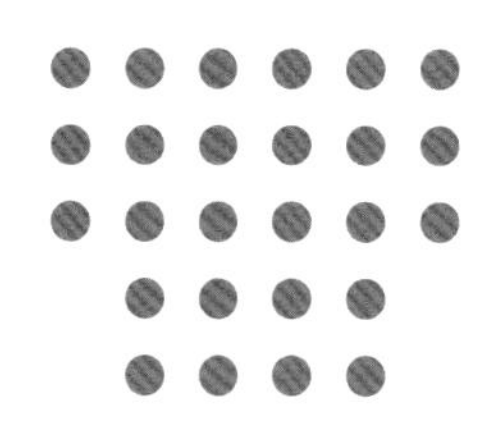

① $6 \times 3 = 18$，$4 \times 2 = 8$，$18 + 8 = 26$ 

② $5 \times 6 = 30$，$2 \times 2 = 4$，$30 - 4 = 26$ 

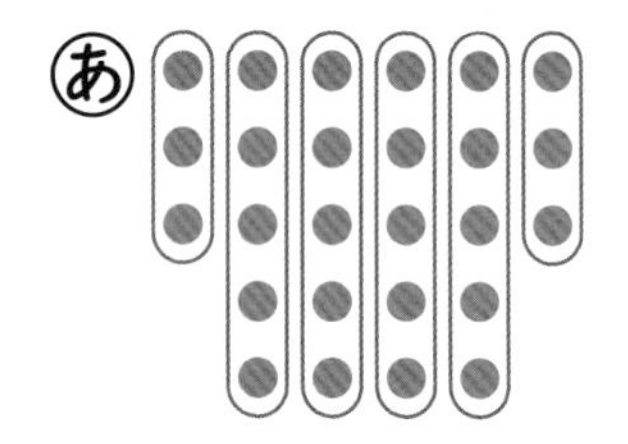

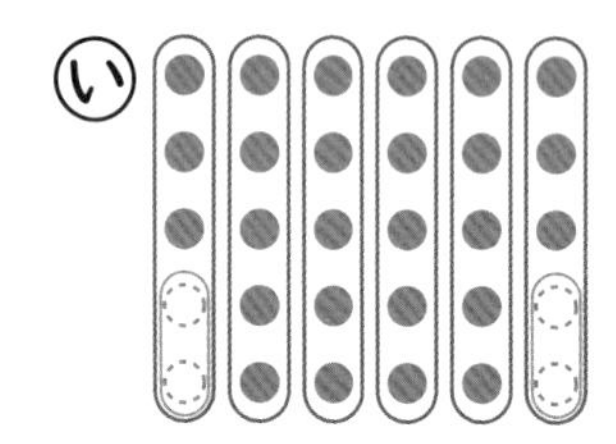

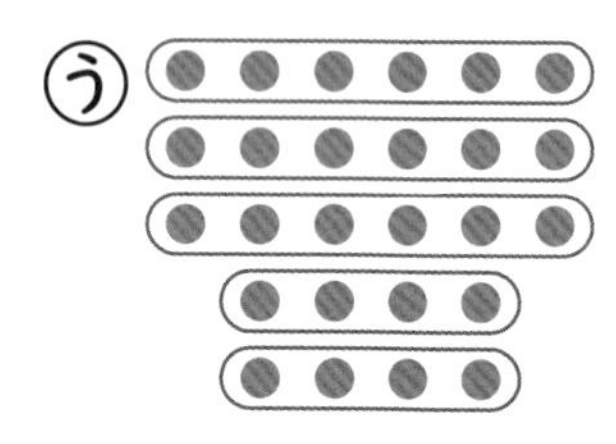

4 右の　●の　数を，●を　図のように
うごかして　もとめます。つぎの　しきの
□に　数を　書きましょう。　ぜんぶ　できて【12点】

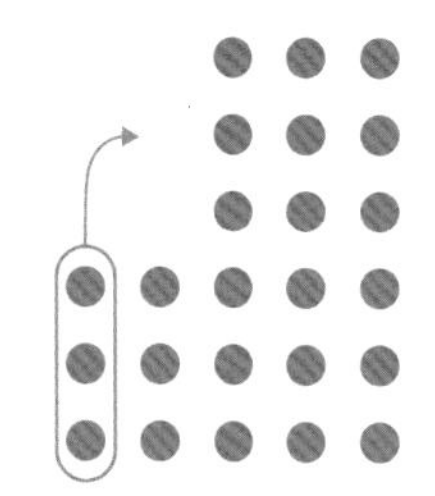

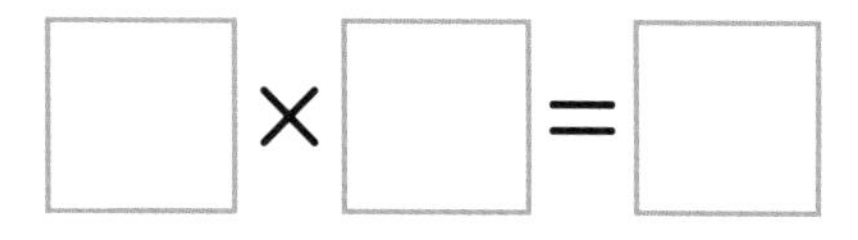

□×□＝□

いろいろな　とき方を　見つける　べんきょうも　楽しいね。

答え ▶ 87ページ

九九の　ひょう

33 九九の　ひょうの　れんしゅう②

月　日　15分
とく点
点

1 □に　数(かず)を　書(か)きましょう。　1つ2点【38点】

① 6のだんの　九九は，
かける数が　1　ふえると，
答(こた)えは ㋐ ふえるから，

$6\times9=$ ㋑

$6\times10=$ ㋒

$6\times11=$ ㋓

$6\times12=$ ㋔

② 12×3は，12の
㋕ つ分(ぶん)だから，
12×3
＝㋖＋㋗＋㋘
＝㋙

③ 10×5の　答えは，
5×㋚の　答えと
同(おな)じに　なるので，

$5\times9=$ ㋛

$5\times10=$ ㋜

だから，$10\times5=$ ㋝

④ 11×7の　答えは，
6×7の　答えと ㋞ ×7
の　答えを　たした　数に
なるので，

$6\times7=42$

㋠ $\times7=$ ㋡

だから，

$11\times7=42+$ ㋢

＝㋣

2 九九の　ひょうを　広げます。下の　ひょうの　㋐～㋛に　あてはまる　答えを　書きましょう。

1つ4点【48点】

		かける数											
		1	2	3	4	5	6	7	8	9	10	11	12
かけられる数	1	1	2	3	4	5	6	7	8	9			
	2	2	4	6	8	10	12	14	16	18	㋐	㋑	㋒
	3	3	6	9	12	15	18	21	24	27			
	4	4	8	12	16	20	24	28	32	36			
	5	5	10	15	20	25	30	35	40	45			
	6	6	12	18	24	30	36	42	48	54			
	7	7	14	21	28	35	42	49	56	63			
	8	8	16	24	32	40	48	56	64	72	㋓	㋔	㋕
	9	9	18	27	36	45	54	63	72	81			
	10				㋖			㋙					
	11				㋗			㋚					
	12				㋘			㋛					

3 右の　●の　数を　くふうして　もとめます。□に　数を　書きましょう。

1つ2点【14点】

7×㋐□＝㋑□，3×㋒□＝㋓□

㋔□－㋕□＝㋖□

パズルを　やって，まとめテストに　ちょうせん！

答え ▶ 88ページ

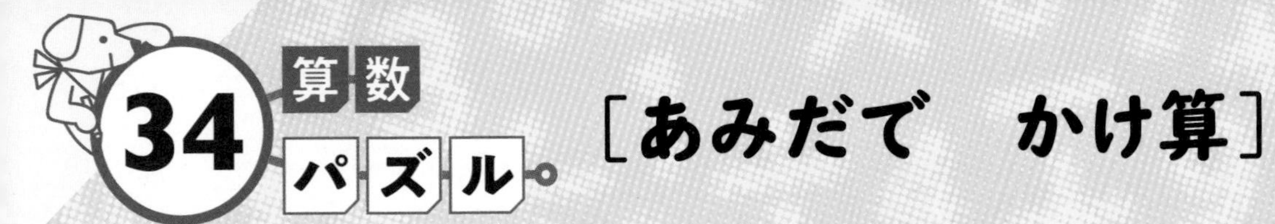

［あみだで　かけ算］

1　「あみだ」で　たどりついた　かけ算を　して，答えの　大きい　じゅんに，下の □ に　ひらがなを　書こう。
何と　いう　ことばに　なるかな？

「あみだ」は　まがりかどを　かならず　まがって、下に　むかって　すすんで　いきます。

答え □□□□

2 5人で　しりとりを　しました。「あみだ」で　たどりついた　かけ算を　して，答えの　大きい　じゅんに，下の　□　に　ことばを　書こう。しりとりの　じゅんばんが　わかるよ。

答え	➡	➡	➡	➡

答え ▶ 88ページ

35 まとめテスト

名前

月　日

とく点

点

もくひょう 20分

1 計算を　しましょう。　　1つ1点【36点】

① 3×6

② 5×2

③ 7×3

④ 2×8

⑤ 9×7

⑥ 1×6

⑦ 4×7

⑧ 6×5

⑨ 8×3

⑩ 5×4

⑪ 2×7

⑫ 4×6

⑬ 7×2

⑭ 9×9

⑮ 6×3

⑯ 3×7

⑰ 8×5

⑱ 1×4

⑲ 7×8

⑳ 9×6

㉑ 2×3

㉒ 4×4

㉓ 6×8

㉔ 5×7

㉕ 3×9

㉖ 8×4

㉗ 7×7

㉘ 5×8

㉙ 3×3

㉚ 6×9

㉛ 8×7

㉜ 2×9

㉝ 9×8

㉞ 4×5

㉟ 6×2

㊱ 7×9

ドリルは　この　回で　おわり。
さいごまで　がんばろう！

2 下の 九九(くく)の ひょうの ㋐～㋠に 答(こた)えを 入れて，ひょうを しあげましょう。 1つ2点【34点】

		かける数(かず)								
		1	2	3	4	5	6	7	8	9
かけられる数	1	1	2	㋐	4	5	6	7	8	9
	2	2	4	6	㋑	10	㋒	14	16	18
	3	3	6	9	㋓	15	18	21	㋔	27
	4	4	8	12	16	20	24	28	㋕	㋖
	5	5	10	㋗	20	25	30	35	40	㋘
	6	6	12	18	㋙	30	㋚	42	48	54
	7	㋛	14	21	28	35	㋜	49	56	63
	8	8	16	24	32	40	㋝	56	㋞	72
	9	9	18	27	㋟	㋠	54	63	72	81

3 答えが 16に なる 九九を ぜんぶ 書(か)きましょう。【10点】

(　　　　　　　　　　　　　　　　)

4 □に 数(かず)を 書きましょう。 1つ5点【20点】

① $8 \times 3 = 3 \times \square$

② $4 \times 11 = \square \times 4$

③ $7 \times 6 = 7 \times 5 + \square$

④ $6 \times 10 = 6 \times 9 + \square$

答え ▶ 88ページ

おうちの方へ

▶まちがえた問題は，何度も練習させましょう。
▶アドバイスも参考に，お子さまに指導してあげてください

1 かけ算の　いみ　5~6ページ

1 ①3，4　②2，3　③6，5

2 ①4，6　②3，7　③4，5　④6，3　⑤5，2

3 ①2×3　②3×6　③5×4　④4×7

4 ①3+3　②4+4+4+4+4　③8+8+8　④6+6+6+6+6+6+6　⑤5×3　⑥9×4　⑦7×6　⑧2×8

アドバイス　**2**では，いろいろな場面で，(1つ分の数)×(いくつ分)の式に表せるようにします。また，④，⑤のように，何倍にあたる数を求めるときも，かけ算の式に表せることを理解させましょう。

4の①～④では，かけ算の式から，1つ分の数を何回たせば答えが求められるかを考えさせます。例えば①では，3×2は3の2つ分で，3を2回たすから，たし算の式は3＋3になります。

⑤～⑧はその逆で，例えば⑤のたし算の式は，5を3回たしているので，かけ算の式は5×3になります。

2 5のだんの　九九　7~8ページ

1 (左上から) 5，10，15，20，25，30，35，40，45

2 ①5　②10　③15　④20　⑤25　⑥30　⑦35　⑧40　⑨45

3 ①5　②10　③15　④20　⑤25　⑥30　⑦35　⑧40　⑨45　⑩20　⑪25　⑫30　⑬35　⑭40

4 ①25　②40　③15　④30　⑤5　⑥45　⑦35　⑧15　⑨40　⑩45　⑪10　⑫20

アドバイス　5の段は，答えの一の位が5と0のくり返しなので，比較的覚えやすい九九です。答えが5ずつ増えることに気づかせてください。**4**のように，かける数が1から順でなくても，すぐに答えが出るようにしましょう。

3 5のだんの　九九の　れんしゅう　9~10ページ

1 ①30 ②35 ③40 ④45 ⑤5 ⑥10 ⑦15 ⑧20 ⑨25

2 ①45 ②40 ③35 ④30 ⑤25 ⑥20 ⑦15 ⑧10 ⑨5

3 ①30 ②45 ③10 ④35 ⑤20 ⑥40 ⑦5 ⑧25 ⑨15 ⑩40 ⑪35 ⑫5 ⑬10 ⑭30 ⑮45 ⑯20 ⑰5 ⑱15 ⑲20 ⑳45 ㉑10 ㉒25 ㉓40 ㉔35

4 ①4 ②7 ③3 ④9 ⑤5 ⑥2 ⑦6 ⑧8

アドバイス　**4**は，少し難しいかもしれませんが，5の段の九九の習熟度のアップに役立つので，挑戦させてください。

4 2のだんの　九九　11~12ページ

1 （左上から）2，4，6，8，10，12，14，16，18

2 ①2 ②4 ③6 ④8 ⑤10 ⑥12 ⑦14 ⑧16 ⑨18

3 ①2 ②4 ③6 ④8 ⑤10 ⑥12 ⑦14 ⑧16 ⑨18 ⑩10 ⑪12 ⑫14 ⑬16 ⑭18

4 ①6 ②12 ③2 ④16 ⑤4 ⑥14 ⑦18 ⑧16 ⑨6 ⑩10 ⑪14 ⑫8

5 2のだんの　九九の　れんしゅう　13~14ページ

1 ①10 ②12 ③14 ④16 ⑤18 ⑥2 ⑦4 ⑧6 ⑨8

2 ①18 ②16 ③14 ④12 ⑤10 ⑥8 ⑦6 ⑧4 ⑨2

3 ①14 ②8 ③16 ④4 ⑤10 ⑥18 ⑦2 ⑧6 ⑨12 ⑩10 ⑪4 ⑫14 ⑬6 ⑭18 ⑮16 ⑯8 ⑰2 ⑱6 ⑲16 ⑳8 ㉑4 ㉒12 ㉓14 ㉔10

4 ①5 ②3 ③2 ④7 ⑤9 ⑥8 ⑦4 ⑧6

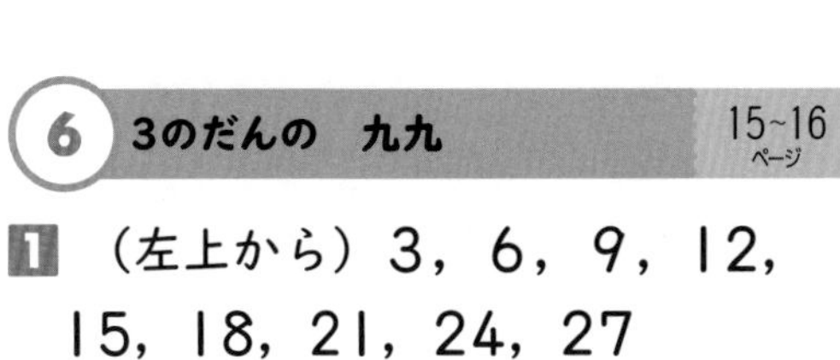

6 3のだんの　九九　15~16ページ

1　（左上から）3，6，9，12，15，18，21，24，27

2　①3　②6　③9　④12　⑤15　⑥18　⑦21　⑧24　⑨27

3　①3　②6　③9　④12　⑤15　⑥18　⑦21　⑧24　⑨27　⑩12　⑪15　⑫18　⑬21　⑭24

4　①12　②18　③27　④15　⑤6　⑥24　⑦3　⑧12　⑨27　⑩21　⑪9　⑫18

アドバイス　3の段の九九では，特に，三三(さざん)が9(く)，三八24(さんぱにじゅうし)の唱え方をまちがえやすいので気をつけさせましょう。

7 3のだんの　九九の　れんしゅう　17~18ページ

1　①21　②24　③27　④3　⑤6　⑥9　⑦12　⑧15　⑨18

2　①27　②24　③21　④18　⑤15　⑥12　⑦9　⑧6　⑨3

3　①18　②3　③24　④21　⑤9　⑥15　⑦6　⑧12　⑨27　⑩21　⑪15　⑫24　⑬18　⑭27　⑮12　⑯9　⑰3　⑱18　⑲9　⑳12　㉑6　㉒21　㉓15　㉔27

4　①5　②3　③6　④2　⑤9　⑥8　⑦4　⑧7

8 4のだんの　九九　19~20ページ

1　（左上から）4，8，12，16，20，24，28，32，36

2　①4　②8　③12　④16　⑤20　⑥24　⑦28　⑧32　⑨36

3　①4　②8　③12　④16　⑤20　⑥24　⑦28　⑧32　⑨36　⑩8　⑪12　⑫16　⑬20　⑭24

4　①16　②28　③4　④20　⑤36　⑥24　⑦32　⑧8　⑨24　⑩12　⑪28　⑫16

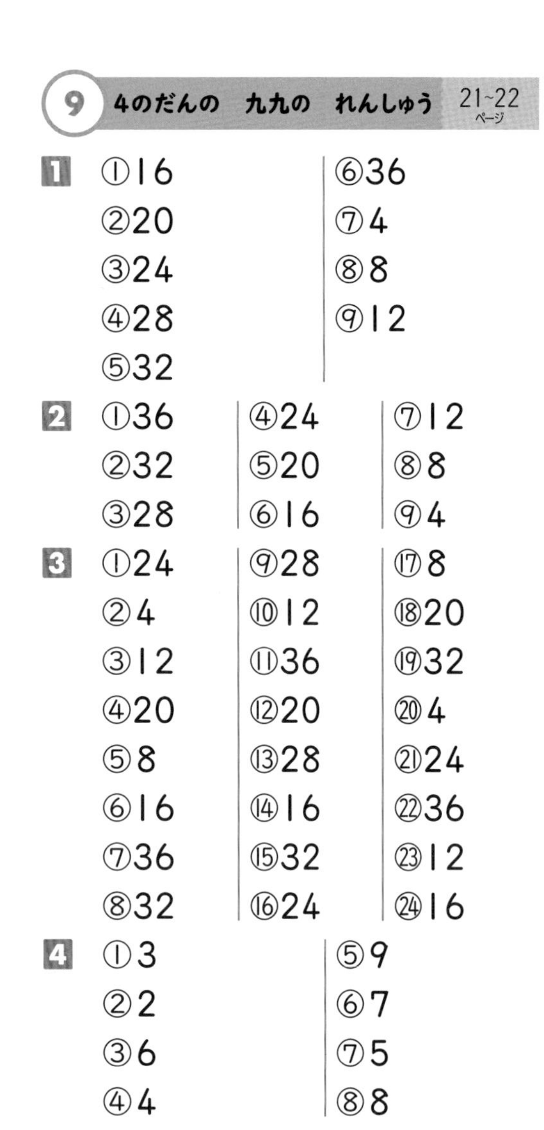

9 4のだんの　九九の　れんしゅう　21~22ページ

1

①16	⑥36
②20	⑦4
③24	⑧8
④28	⑨12
⑤32	

2

①36	④24	⑦12
②32	⑤20	⑧8
③28	⑥16	⑨4

3

①24	⑨28	⑰8
②4	⑩12	⑱20
③12	⑪36	⑲32
④20	⑫20	⑳4
⑤8	⑬28	㉑24
⑥16	⑭16	㉒36
⑦36	⑮32	㉓12
⑧32	⑯24	㉔16

4

①3	⑤9
②2	⑥7
③6	⑦5
④4	⑧8

アドバイス　4の段の九九の練習では，四(し)と七(しち)の聞きまちがいや言いまちがいをしやすいので，区別をはっきりさせて唱えるように指導してください。

まちがえやすい4の段の九九は，4×7，4×8です。

10 2, 3, 4, 5のだんの 九九の れんしゅう① 23~24ページ

1

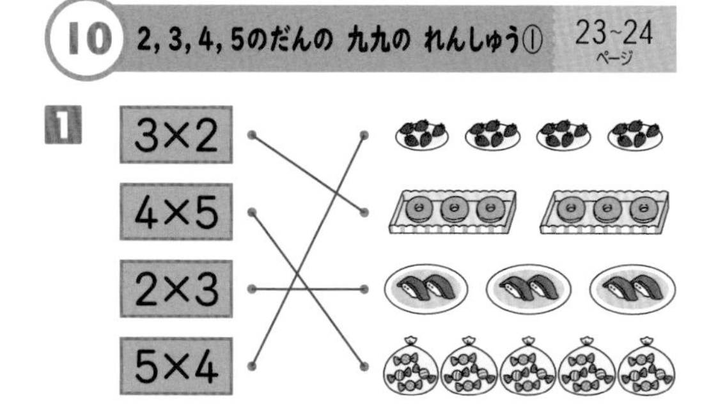

2

①16	⑧25
②45	⑨6
③28	⑩8
④12	⑪4
⑤12	⑫18
⑥8	⑬20
⑦15	⑭12

3

①24	⑨2	⑰21
②24	⑩15	⑱18
③10	⑪32	⑲16
④10	⑫27	⑳40
⑤3	⑬14	㉑9
⑥20	⑭5	㉒36
⑦6	⑮12	㉓30
⑧35	⑯28	㉔4

4

①4	⑤7
②5	⑥9
③3	⑦5
④8	⑧8

アドバイス　**1**は，絵から，「1つ分の数」と「いくつ分」を正しく読み取り，それをかけ算の式に表せるかどうかを確認します。まちがいが多いときは，再度かけ算の式の意味を理解できるように復習させてください。

2，**3**は，2～5の段の九九がランダムに出題されています。これまでに学習してきた2～5の段の九九の習熟度を確認させてください。

1回めに正答できた九九には印をつけ，印がつかなかった九九を中心に再度取り組ませ，正答できたら印をつけるなどして，苦手な九九を克服できるように指導しましょう。

11 2, 3, 4, 5のだんの 九九の れんしゅう② 25~26ページ

1 ①2×9，18　②5×3，15　③4×6，24　④3×7，21

2 ①9　②10　③12　④4　⑤24　⑥4　⑦15　⑧28　⑨15　⑩45　⑪8　⑫16　⑬2

3 ①18　②21　③5　④8　⑤12　⑥40　⑦24　⑧14　⑨25　⑩3　⑪6　⑫36　⑬6　⑭20　⑮16　⑯35　⑰27　⑱30　⑲12　⑳10　㉑20　㉒18　㉓32　㉔12

4 ①ウ　②オ　③イ　④キ　⑤ク　⑥ア

アドバイス　**1**は，ある数の何倍にあたる数も，かけ算の式を使って求められることを再確認させます。

2，**3**は，前回と同じように，正答できなかった九九を中心に，くり返し九九の練習をさせてください。

基本に戻って九九の練習をする場合は，例えば2の段の九九では，

❶「二一が2」から「二九18」まで，順に唱える。

❷「二九18」から「二一が2」まで，逆に唱える。

❸「二一が2」，「二三が6」，…など，1つとばしで唱えたり，「二一が2」，「二四が8」，…など，2つとばしで唱えたりする。

などの練習をくり返し行い，九九を確実に唱えられるようにしてください。

4では，答えが同じになる九九があることに気づかせ，かけ算への関心を深めさせてください。

12 6のだんの　九九 27~28ページ

1 （左上から）6，12，18，24，30，36，42，48，54

2 ①6　②12　③18　④24　⑤30　⑥36　⑦42　⑧48　⑨54

3 ①6　②12　③18　④24　⑤30　⑥36　⑦42　⑧48　⑨54　⑩30　⑪36　⑫42　⑬48　⑭54

4 ①30　②6　③18　④42　⑤24　⑥48　⑦54　⑧12　⑨48　⑩36　⑪18　⑫54

アドバイス　6の段の九九は，今まで学習してきた2～5の段の九九と比べて，習得するのが難しくなってきます。九九の唱え方の練習をくり返して行い，正確に覚えるように指導してください。

13 6のだんの　九九の　れんしゅう　29~30ページ

1
①18　②24　③30　④36　⑤42
⑥48　⑦54　⑧6　⑨12

2
①54　②48　③42
④36　⑤30　⑥24
⑦18　⑧12　⑨6

3
①12　②6　③42　④18　⑤30　⑥24　⑦36　⑧48
⑨54　⑩18　⑪48　⑫6　⑬24　⑭36　⑮42　⑯30
⑰12　⑱30　⑲42　⑳54　㉑18　㉒24　㉓6　㉔48

4
①5　②2　③7　④6
⑤9　⑥3　⑦8　⑧4

アドバイス　6×2，6×3，6×4，6×5をまちがえるときは，かけられる数とかける数を入れかえた九九と同じ答えになることに気づかせ，既習の2～5の段の九九を使って，答えが正しいかどうかの振り返りをさせるとよいでしょう。

　また，6×7と6×8を混同して，6×7の答えを48としたり，6×8の答えを42としたりするまちがいがよく見られます。つまずきのある九九を重点的に反復練習して，習得させてください。

14 7のだんの　九九　31~32ページ

1　（左上から）7，14，21，28，35，42，49，56，63

2
①7　②14　③21　④28　⑤35
⑥42　⑦49　⑧56　⑨63

3
①7　②14　③21　④28　⑤35　⑥42　⑦49
⑧56　⑨63　⑩14　⑪21　⑫28　⑬35　⑭42

4
①28　②42　③21　④35　⑤7　⑥56
⑦63　⑧14　⑨42　⑩21　⑪49　⑫28

アドバイス　7の段の九九を苦手とするお子さまが多く見られます。

　4の段の九九のアドバイスでも書きましたが，四（し）と七（しち）は発音が似ているので，例えば，7×4の七四（しちし）と7×7の七七（しちしち）を混同するなどのまちがいが多く見られます。問題に取り組むときは，発音に気をつけさせながら，九九を声に出して答えを導かせるのも，ミスを防ぐ有効な方法です。

　特に，7×3，7×4，7×6，7×8などはつまずきやすい九九なので，くり返し練習させてください。

15 7のだんの　九九の　れんしゅう　33~34ページ

1
①42 ②49 ③56 ④63 ⑤7
⑥14 ⑦21 ⑧28 ⑨35

2
①63 ②56 ③49
④42 ⑤35 ⑥28
⑦21 ⑧14 ⑨7

3
①21 ②7 ③42 ④14 ⑤49 ⑥28 ⑦63 ⑧35
⑨56 ⑩21 ⑪35 ⑫28 ⑬63 ⑭42 ⑮49 ⑯56
⑰14 ⑱7 ⑲49 ⑳35 ㉑56 ㉒21 ㉓63 ㉔42

4
①4 ②6 ③7 ④5
⑤3 ⑥9 ⑦2 ⑧8

アドバイス　かけ算九九では，前後の九九と混同してまちがえる解答がよく見られます。例えば，7×4を6×4と混同して，24と答えたり，7×7を7×8と混同して，56と答えるなどのまちがいです。

混同しやすい九九があったら，その式を対比させながら反復練習させるとよいでしょう。

16 8のだんの　九九　35~36ページ

1　（左上から）8，16，24，32，40，48，56，64，72

2
①8 ②16 ③24 ④32 ⑤40
⑥48 ⑦56 ⑧64 ⑨72

3
①8 ②16 ③24 ④32 ⑤40 ⑥48 ⑦56
⑧64 ⑨72 ⑩32 ⑪40 ⑫48 ⑬56 ⑭64

4
①48 ②24 ③56 ④16 ⑤32 ⑥8
⑦72 ⑧40 ⑨48 ⑩64 ⑪24 ⑫56

アドバイス　8の段は，7の段と並んで覚えにくい九九です。

例えば，8×4を8×3や6×4と混同して24とするまちがいがよく見られます。また，8×6を7×6と混同して42とするまちがいも見られます。さらに，8×6の答えを46とするように，答えの一の位をかける数の6と同じにしてしまうまちがいもあります。

九九の答えを忘れたときは，かける数が1増えると，答えはかけられる数の8だけ増えることを使って，お子さまが自ら答えを導き出せるようにするとよいでしょう。

また，かけられる数とかける数を入れかえても答えは同じになることから，答えを導き出すこともできます。

17 8のだんの　九九の　れんしゅう　37~38ページ

1
①24 ②32 ③40 ④48 ⑤56 ⑥64 ⑦72 ⑧8 ⑨16

2
①72 ②64 ③56 ④48 ⑤40 ⑥32 ⑦24 ⑧16 ⑨8

3
①32 ②8 ③56 ④40 ⑤16 ⑥48 ⑦72 ⑧24 ⑨64 ⑩16 ⑪40 ⑫24 ⑬48 ⑭32 ⑮72 ⑯56 ⑰40 ⑱8 ⑲24 ⑳56 ㉑32 ㉒48 ㉓16 ㉔64

4
①4 ②7 ③5 ④2 ⑤6 ⑥9 ⑦3 ⑧8

アドバイス　**3**で，まちがいが多いときは，基本に戻り，九九を8×1から順に唱えたり，8×9から逆に唱えたりする練習をさせてください。

18 9のだんの　九九　39~40ページ

1　（左上から）9，18，27，36，45，54，63，72，81

2
①9 ②18 ③27 ④36 ⑤45 ⑥54 ⑦63 ⑧72 ⑨81

3
①9 ②18 ③27 ④36 ⑤45 ⑥54 ⑦63 ⑧72 ⑨81 ⑩45 ⑪54 ⑫63 ⑬72 ⑭81

4
①18 ②54 ③72 ④63 ⑤9 ⑥36 ⑦81 ⑧18 ⑨45 ⑩27 ⑪72 ⑫36

19 9のだんの　九九の　れんしゅう　41~42ページ

1
①27 ②36 ③45 ④54 ⑤63 ⑥72 ⑦81 ⑧9 ⑨18

2
①81 ②72 ③63 ④54 ⑤45 ⑥36 ⑦27 ⑧18 ⑨9

3
①36 ②45 ③9 ④27 ⑤18 ⑥72 ⑦63 ⑧54 ⑨81 ⑩18 ⑪72 ⑫54 ⑬27 ⑭45 ⑮63 ⑯36 ⑰9 ⑱45 ⑲27 ⑳18 ㉑63 ㉒81 ㉓72 ㉔54

4
①9 ②2 ③5 ④3 ⑤7 ⑥8 ⑦6 ⑧4

20 1のだんの 九九 43~44ページ

1 （左上から）1，2，3，4，5，6，7，8，9

2 ①1 ②2 ③3 ④4 ⑤5 ⑥6 ⑦7 ⑧8 ⑨9

3 ①1 ②2 ③3 ④4 ⑤5 ⑥6 ⑦7 ⑧8 ⑨9 ⑩5 ⑪6 ⑫7 ⑬8 ⑭9

4 ①5 ②1 ③9 ④4 ⑤8 ⑥3 ⑦6 ⑧7 ⑨1 ⑩5 ⑪2 ⑫4

アドバイス　1の段の九九は，一一（いんいち）が1のように，かけられる数の1を「いん」と読むように指導しましょう。

21 1のだんの 九九の れんしゅう 45~46ページ

1 ①4 ②5 ③6 ④7 ⑤8 ⑥9 ⑦1 ⑧2 ⑨3

2 ①9 ②8 ③7 ④6 ⑤5 ⑥4 ⑦3 ⑧2 ⑨1

3 ①7 ②2 ③4 ④1 ⑤5 ⑥8 ⑦6 ⑧3 ⑨9 ⑩2 ⑪7 ⑫4 ⑬6 ⑭3 ⑮5 ⑯8 ⑰3 ⑱1 ⑲9 ⑳5 ㉑2 ㉒4 ㉓7 ㉔6

4 ①8 ②5 ③4 ④2 ⑤7 ⑥3 ⑦6 ⑧9

22 6~9，1のだんの 九九の れんしゅう① 47~48ページ

1 ①12 ②9 ③14 ④7 ⑤72 ⑥24 ⑦72 ⑧28 ⑨6 ⑩24 ⑪64 ⑫63 ⑬48 ⑭18 ⑮6 ⑯35 ⑰42 ⑱45

2 ①32 ②9 ③30 ④54 ⑤56 ⑥18 ⑦8 ⑧63 ⑨48 ⑩16 ⑪1 ⑫36 ⑬49 ⑭54 ⑮40 ⑯21 ⑰2 ⑱42 ⑲27 ⑳36 ㉑56 ㉒7 ㉓81 ㉔4

3 ①5 ②2 ③6 ④5 ⑤4 ⑥4 ⑦9 ⑧8

23 6~9, 1のだんの 九九の れんしゅう② 49~50ページ

1

①56　②9　③35　④12　⑤3　⑥36　⑦14　⑧30　⑨64　⑩81
⑪6　⑫16　⑬63　⑭56　⑮72　⑯5　⑰28　⑱48　⑲9　⑳42

2

①4　②27　③63　④8　⑤36　⑥45　⑦14　⑧8
⑨40　⑩54　⑪1　⑫32　⑬42　⑭21　⑮18　⑯54
⑰7　⑱24　⑲24　⑳49　㉑72　㉒2　㉓48　㉔18

3

①ウ　②エ　③ク
④ア　⑤カ　⑥オ

アドバイス　前回に続き，一般的に正答率の低い6，7，8の段をふくむかけ算九九の練習です。

四(し)と七(しち)など，言葉で唱えるときの言いまちがいに気をつけながら，問題に取り組ませてください。

まちがえた九九は，声に出して唱えさせると，ミスの原因がつかめることがあります。例えば，7×8を32と答えた場合，声に出して唱えさせることで，四八32と混同していることに気づけたりします。

24 九九の れんしゅう① 51~52ページ

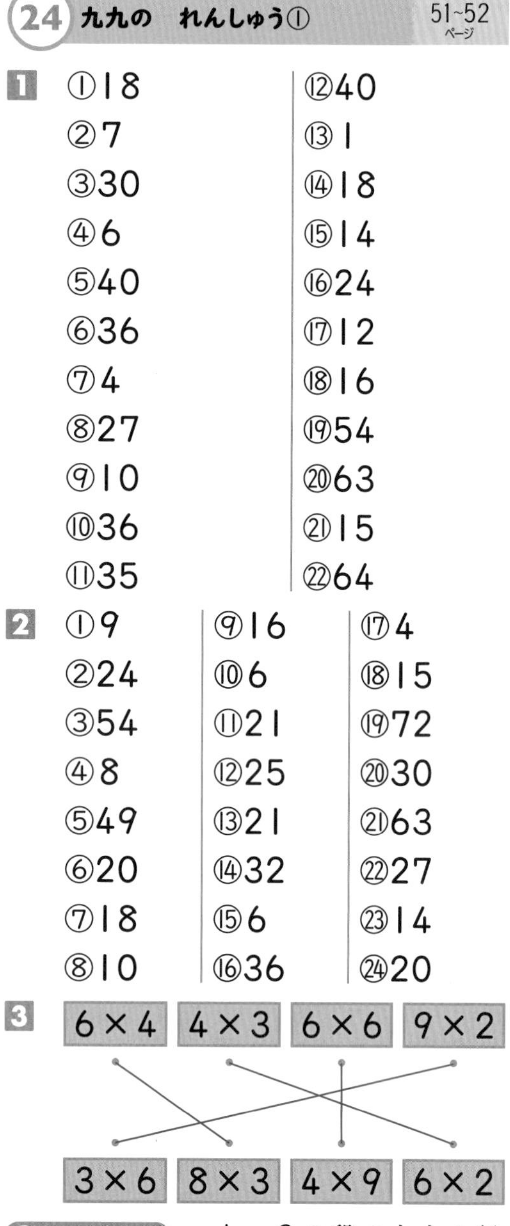

1

①18　②7　③30　④6　⑤40　⑥36　⑦4　⑧27　⑨10　⑩36　⑪35
⑫40　⑬1　⑭18　⑮14　⑯24　⑰12　⑱16　⑲54　⑳63　㉑15　㉒64

2

①9　②24　③54　④8　⑤49　⑥20　⑦18　⑧10
⑨16　⑩6　⑪21　⑫25　⑬21　⑭32　⑮6　⑯36
⑰4　⑱15　⑲72　⑳30　㉑63　㉒27　㉓14　㉔20

3

アドバイス　1～9の段の九九の総復習です。

小学校算数で，かけ算九九は大きなハードルです。ここでつまずくと，算数の学習意欲の低下の原因にもなります。

苦手な九九を再確認して重点的に取り組ませ，九九を確実に唱えることができるようにしましょう。

25 九九の　れんしゅう②　53~54ページ

1 ①30　②8　③56　④3　⑤12　⑥49　⑦8　⑧35　⑨81　⑩3　⑪18　⑫28　⑬45　⑭12　⑮28　⑯2　⑰48　⑱21　⑲72　⑳24　㉑10　㉒42

2 ①9　②12　③48　④10　⑤5　⑥32　⑦45　⑧24　⑨42　⑩25　⑪6　⑫32　⑬9　⑭21　⑮64　⑯42　⑰8　⑱56　⑲36　⑳16　㉑30　㉒4　㉓54　㉔9

3 ①>　②=　③<　④>

アドバイス　**3**は，不等式の記号>，<が表す大小関係についても理解させてください。

26 算数パズル　55~56ページ

❶くま　❷花(チューリップ)

27 九九の　ひょうの　見方　57~58ページ

1 ㋐8　㋑4　㋒27　㋓12　㋔20　㋕48　㋖7　㋗42　㋘32　㋙56　㋚45

2 ①7，1
②(上から) 6，6，5

3 ㋐5　㋑6　㋒8　㋓12　㋔15　㋕21　㋖16　㋗24　㋘36　㋙15　㋚35　㋛40　㋜24　㋝36　㋞54　㋟14　㋠28　㋡56　㋢24　㋣40　㋤72　㋥36　㋦54　㋧63　㋨72

4 ①1×6，2×3，3×2，6×1
②4×8，8×4
③4×9，6×6，9×4

アドバイス　九九の表が完成したら，下の図のように，斜線をひき，同じ数をかける式の答えは斜線上にあること，斜線をはさんで反対側に同じ数があることなどに気づかせてもよいでしょう。

		かける数								
		1	2	3	4	5	6	7	8	9
かけられる数	1	1	2	3	4	5	6	7	8	9
	2	2	4	6	8	10	12	14	16	18
	3	3	6	9	12	15	18	21	24	27
	4	4	8	12	16	20	24	28	32	36
	5	5	10	15	20	25	30	35	40	45
	6	6	12	18	24	30	36	42	48	54
	7	7	14	21	28	35	42	49	56	63
	8	8	16	24	32	40	48	56	64	72
	9	9	18	27	36	45	54	63	72	81

28 九九の　きまり　59~60ページ

1 ①（左から）8，16，24，32，40，48，56，64，72
②8
③8

2 ①㋐2　㋑4　㋒2
②7

3 ①かけられる数　②同じ

4 ①6　②9　③8

5 ①5　②6　③4　④3　⑤8

アドバイス　2では，7×2の答えは，7を3と4に分けて，3×2の答えと4×2の答えをたした数になることを理解させましょう。

5は，九九のきまりを式に表す問題です。①～③は，かけられる数とかける数を入れかえて計算しても答えは同じになることを，④，⑤は，かける数が1増えると，答えはかけられる数だけ増えることを，それぞれ式に表していることを理解させましょう。

29 九九の　ひょうの　れんしゅう①　61~62ページ

1 ㋐5　㋑14　㋒18
㋓12　㋔27
㋕16　㋖36
㋗10　㋘35
㋙18　㋚48
㋛14　㋜35
㋝42　㋞63
㋟72　㋠27　㋡45
㋢54　㋣81

2 ①1×4，2×2，4×1
②3×8，4×6，6×4，8×3

3 ①3　②6　③9
④5　⑤3　⑥3

4 ①8　②2　③7　④1　⑤7　⑥5　⑦4

30 九九を　こえた　かけ算　63~64ページ

1 ①11
②㋐27　㋑30　㋒33

2 ①㋐12　㋑18　㋒20　㋓22　㋔24
②㋕2　㋖24　㋗24

3 ①10　②13　③12，12，12，36

4 ①㋐40　㋑45　㋒50
②㋕11　㋖36　㋗40　㋘44

5 ①12　②24　③36　④48　⑤60　⑥72　⑦84　⑧96　⑨108

アドバイス　かけ算のきまりを使うと，かける数やかけられる数が9より大きくなっても，答えを求められることに気づかせます。

1では，3×9=27から答えを3ずつ増やし，3×10=27+3=30，3×11=30+3=33　となります。

31 九九の　ひょうを　広げて　65~66ページ

1 ①12　②12
③48，48

2 ㋐30　㋑44
㋒60　㋓60
㋔10　㋕40
㋖66　㋗99　㋘36

3 ①22　③36
②50　④26

アドバイス　かけ算のきまりを使って，九九の表を広げる問題に取り組みます。

1の㋐に入る数を求める式は，4×12で，かける数が1増えると答えは4増えることから，4×12の答えは次のようにして求められることを理解させましょう。

4×9=36
4×10=40
4×11=44
4×12=48

4増える。
4増える。
4増える。

また，㋑に入る数を求める式は，12×4ですが，かけられる数とかける数を入れかえても答えは同じというきまりを使うと，12×4=4×12より，㋑に入る数も48になることに気づかせましょう。

12×4は，12を4つたして，12+12+12+12=48　と求めることもできます。

さらに，例えば12を6と6に分けて，6×4=24より，24+24=48と求めることもできます。

いろいろな求め方があることに気づかせるとよいでしょう。

32 九九を　つかって　67~68ページ

1 ①㋐2　㋑3　㋒6
㋓6　㋔18
②㋕6　㋖18
③㋗4　㋘24
㋙3　㋚6
㋛24　㋜6　㋝18

2 4，5，20

3 ①㋒
②㋑

4 6，4，24
（または　4，6，24）

アドバイス　ものの数を，かけ算九九を使って求めます。

1は，ひとまとまりの見つけ方によって，いろいろな求め方ができることに気づかせましょう。また，①～③以外の求め方も考えさせるとよいでしょう。例えば，次のような求め方が考えられます。

〈例1〉横に見る。
3×2=6
6×2=12
6+12=18

〈例2〉3個ずつのまとまりとみる。
3×6=18

3は，①，②を解いた後，㋐の図からも立式させるとよいでしょう。式は，3×2=6，5×4=20，6+20=26　となります。

4は，3個の●を図の矢印のように動かすと，●が縦に6個，横に4個並ぶことに気づかせましょう。

33 九九の　ひょうの　れんしゅう② 69~70ページ

1
①㋐6　㋑54　㋒60　㋓66　㋔72
②㋕3　㋖12　㋗12　㋘12　㋙36
③㋚10　㋛45　㋜50　㋝50
④㋟5　㋠5　㋡35　㋢35　㋣77

2
㋐20　㋑22　㋒24
㋓80　㋔88　㋕96
㋖40　㋗44　㋘48
㋙70　㋚77　㋛84

3
㋐4　㋑28
㋒2　㋓6
㋔28　㋕6　㋖22

アドバイス　**2**の㋐，㋑，㋒は，2の段の九九であることから，2×9＝18から右へ答えを2ずつ増やしていけばよいことに気づかせます。

3は，右の図のように，◌の部分が抜けていると考えれば，九九を使って，●の数を求められることに気づかせましょう。

34 算数パズル 71~72ページ

❶ おみこし

こ → 4×7＝28
み → 7×5＝35
し → 2×7＝14
お → 9×4＝36

❷ リンゴ➡ゴリラ➡ラクダ➡ダンス➡スズメ

リンゴ → 3×8＝24
ダンス → 4×3＝12
ゴリラ → 9×2＝18
ラクダ → 8×2＝16
スズメ → 5×1＝5

35 まとめテスト 73~74ページ

1
①18　②10　③21　④16　⑤63　⑥6　⑦28　⑧30　⑨24　⑩20　⑪14　⑫24
⑬14　⑭81　⑮18　⑯21　⑰40　⑱4　⑲56　⑳54　㉑6　㉒16　㉓48　㉔35
㉕27　㉖32　㉗49　㉘40　㉙9　㉚54　㉛56　㉜18　㉝72　㉞20　㉟12　㊱63

2
㋐3　㋑8　㋒12
㋓12　㋔24
㋕32　㋖36
㋗15　㋘45
㋙24　㋚36
㋛7　㋜42
㋝48　㋞64
㋟36　㋠45

3 2×8，4×4，8×2

4
①8　②11
③7　④6

アドバイス　**3**は，2×8と8×2のほかに，4×4もあるので，もれのないように注意させましょう。